永康市精进文化协会系列丛书

# 精进之美

JINGJIN ZHI MEI

颜秀丽 著

浙江工商大学出版社
ZHEJIANG GONGSHANG UNIVERSITY PRESS

·杭州·

**图书在版编目(CIP)数据**

精进之美 / 颜秀丽著. —杭州:浙江工商大学出版社,2019.12
(永康市精进文化协会系列丛书)
ISBN 978-7-5178-3602-5

Ⅰ.①精… Ⅱ.①颜…Ⅲ.①成功心理—通俗读物 Ⅳ.①B848.4-49

中国版本图书馆 CIP 数据核字(2019)第259224号

精进之美(永康市精进文化协会系列丛书)
JINGJIN ZHIMEI (YONGKANGSHI JINGJIN WENHUA XIEHUI XILIE CONGSHU)
颜秀丽 著

| | |
|---|---|
| 责任编辑 | 厉 勇 |
| 封面设计 | 林朦朦 |
| 责任印制 | 包建辉 |
| 出版发行 | 浙江工商大学出版社 |
| | (杭州市教工路198号 邮政编码310012) |
| | (E-mail:zjgsupress@163.com) |
| | (网址:http://www.zjgsupress.com) |
| | 电话:0571-89995993,89991806(传真) |
| 排 版 | 杭州朝曦图文设计有限公司 |
| 印 刷 | 浙江全能工艺美术印刷有限公司 |
| 开 本 | 710mm×1000mm 1/16 |
| 印 张 | 19 |
| 字 数 | 257千 |
| 版 印 次 | 2019年12月第1版 2019年12月第1次印刷 |
| 书 号 | ISBN 978-7-5178-3602-5 |
| 定 价 | 58.00元 |

# 贺《精进之美》付梓

## 沁园春·精进文化赞

　　七彩书来，撷得洞见，点亮心灯。望齐家树德，忱牵一梦；修身立范，日贵三醒。文化传宣，认知求索，悟道寻真识践行。悦心处，是张张答卷，精美无声。　　　陶然荟萃群英，更活力无穷付激情。看访巡异国，宏开视野；越穿大漠，淬励艰贞。学向虚谦，思崇谨善，律己谐和竞比争。恒有念，但那时回首，未负人生。

胡潍伟（浙江省永康市政协副主席）

己亥秋于永康

书法　　胡潍伟

书法　胡潍伟

**精进之美**

胡潍伟

精而求进进求精，
情满书文文满情。
悟道行前精进路，
清风钟毓毓风清。

# 序言1

颜秀丽是我的侄女。她人如其名:娟秀美丽,亭亭玉立,气度非凡。就我所知,她从小就很懂事,为了补贴家用,上小学时就利用课余时间到社办厂打工,到各个集市摆地摊。也许这样的经历,练就了她经商的才干。在我的印象里,她是一位成功的企业家和两个孩子的慈母。

前几天我有幸拜读了她即将出版的这本书稿,感到颇为意外,惊喜万分,原来她还是一位妙笔生花的才女。她的伯母看了如此才华横溢的大作,也赞不绝口,几乎成了她的粉丝。秀丽是我们家族的骄傲! 为她的书写序,是我的殊荣!

我早年离乡求学,然后辗转华北、东北和西南,和秀丽的父母一家久疏音讯。改革开放之初我回到上海工作,两家人交往渐多,看着他们兄妹成长和发展。人生有多种可能,机遇和轨迹各不相同,又各具特色。我的人生是需要完成一篇篇学术论文,而秀丽的文章记录的是丰富多彩的人生。这其中我看到更多的是一种坚持的精神,无论是她作为企业老总坚持主业的决心,还是从开始写日记时的恒心,都使我感触良深。

行百里者半九十,很多人离成功只差几步,可这几步却是决定成败的关键。坚忍不拔的精神是人生成功的重要因素。每个人都会有或大或小的失败经历。对于成功者来讲,一时的失败只意味着暂时停下成功的脚步。他们依靠持之以恒的精神与不屈的意志使失败转化为胜利。

我们漫步在人生的轨道上，目睹很多人在失败中倒下去，再也爬不起来。对此，我们只能遗憾地说，一个人如果没有执着的毅力，那他在任何一个行业都不会有所成就。

秀丽在多年的商场摸爬滚打中，自然有过失败，但每次都转"危"为"机"，我想这和她自强不息的毅力分不开。在这本书里，作者以优美的文字娓娓道来，讲述自己人生的故事和成功的经历。字里行间闪耀着理性的智慧之光，充满永不言败的精神，催人奋进。

颜德岳

（高分子化学家、

上海交通大学教授、

四川轻化工大学名誉校长）

2019年9月20日

# 序言 2

我从 2012 年 10 月 1 日起,开始写精进日记,一直坚持到了现在。日精进已经完全融入我的生命,流淌在我的血液里。

很多人都问我,写日记的初心是什么。说出来不怕大家笑话,我只有初中文化。年少时看到父母为我们 7 个儿女操劳,我就想早点赚钱让家里过上好日子。上小学的时候,一放暑假我就立刻做完作业,然后去隔壁村的厂里打 3 元一天的工。寒假也是同样用几天时间做好作业,跟着阿姨去永康各个集市摆地摊。我的童年时光很少有玩的日子,一心就想赚钱,早早地放弃了学业,这也成了我一生的遗憾。当我事业成,我却愈发渴望学习,曾经有一门课我交了 30 万的学费。大哥不能理解,说:"这笔学费都可以买一辆宝马了。"

2012 年的 10 月 1 日,我写下了生命中的第一篇"日记",其实只有一句话。2013 年 3 月 2 日,我把当天的日记发在了朋友圈,让朋友们监督我,因为我真怕自己坚持不下去。利用大家的力量督促我前进,结果许多朋友给我点赞,给我留言,我渐渐喜欢上在朋友圈发布日记,并形成了习惯。慢慢地,和我一起在朋友圈发短日记的人多了,我就成立了协会。我是一个执拗的人,人难免有惰性,既然承诺写日精进就是要每天写一篇文章,发布一篇文章,加入了就要坚持。从此,每天督促没写、没发的人上交日精进文章成了我的另一项工作。曾有人说,这个女人太烦了,

大半夜还给男人打电话，搞得人家夫妻关系都不和谐了，我说你要是不写，半夜也给你打电话。

2016年3月9日，我去拜访了崇德学校校长林刚丰，他给了我写日精进文章的建议：写日精进不能有太多的心灵鸡汤，因为这类文章朋友圈、网上太多了，只有每天写你亲身经历的事，写出你自己的人生故事，才是你的精进。

我听完的那一刻，犹如醍醐灌顶。2016年3月10日，我用心写下了第一篇——《幸福的教育》，有1200多字，仿照林校长，按照主题、事件、洞见来写，发布之后，林校长表扬了我，许多朋友给我转发。这一天，我的日记从量变达到了质变，我想这是1256天坚持对我的回馈。

此后我更用心地写好每天的精进短文，同时，精进文化协会同仁们的写作水平也在不断提高。2017年，协会很多成员有了出书的想法，100多位会员，有写了2000多天的，也有写了一年的。2018年，我们的第一本书《精进人的答卷》问世了，这本书的出版让我们给了自己一份满意的答卷。在精进文化协会的年会上，会员们读着自己写的文字，感悟着人生路上的点滴，一种幸福感油然而生……

不积跬步，无以至千里；不积小流，无以成江海。如今我这本记录2018年日精进的书，文字和内涵虽然和真正的作家有着天壤之别，但却是我真实的日常生活与工作记录，希望这一篇篇短小的文字，能给大家带来一些思考和收获。

颜秀丽，字润棋

2019年10月4日

# 目　录

## 第三辑　三月 / 49

## 第四辑　四月 / 71

## 第五辑　五月 / 111

## 第六辑　六月 / 129

## 第七辑　七月 / 151

## 第八辑　八月 / 187

目录

## 第九辑　九月 / 207

## 第十辑　十月 / 231

## 第十一辑　十一月 / 249

# 第十二辑 十二月 / 265

第一辑

一月

1月/JANUARY

| 日 | 一 | 二 | 三 | 四 | 五 | 六 |
|---|---|---|---|---|---|---|
| | 1 元旦 | 2 十六 | 3 十七 | 4 十八 | 5 小寒 | 6 二十 |
| 7 廿一 | 8 廿二 | 9 廿三 | 10 廿四 | 11 廿五 | 12 廿六 | 13 廿七 |
| 14 廿八 | 15 廿九 | 16 三十 | 17 腊月 | 18 初二 | 19 初三 | 20 大寒 |
| 21 初五 | 22 初六 | 23 初七 | 24 初八 | 25 初九 | 26 初十 | 27 十一 |
| 28 十二 | 29 十三 | 30 十四 | 31 十五 | | | |

# 新的力量

　　元旦这天，一早打开手机，祝福的信息在微信里满天飞，我心中泛起了一丝丝温暖，久久不能平静。感谢你们记得我，让我懂得了什么是爱，什么是包容，并给了我无限的力量。

　　送走2017年，迎来了2018年，我的个人精进修炼，开启了新的篇章。这是值得祝贺的日子，我们要不断地肯定自己，提醒自己，并告诉自己：你将会在新的一年，做好个人、融入团队、成就社会，在不同的领域里，承担责任，敢于创新，勇于创造不平凡的奇迹。

　　我们国家在习主席的领导下，发生了翻天覆地的变化。新事物接踵而来，人民生活奔小康，中国将走在世界的前列，这让我们看到了新的希望，我也将开始新的征程。

（2018年1月1日）

　　◉洞见：2018年打开新的一页，挑战新的计划，创造新的力量，让我们一起在变化中快乐成长，充满爱心与包容，真诚付出，成就新的梦想。

　　祝福所有的朋友及家人：元旦快乐，幸福安康！

# 靠近虎踞峡

昨天早上，闺蜜打电话来约我去虎踞峡走一走。刚开始我想，永康的风景区有什么好玩的？但电话那头，闺蜜不断地热情邀请我，盛情难却，于是叫上小哥，我们一起去虎踞峡半日游。

闺蜜一路上与我分享，虎踞峡是永康的"小九寨"，是名叫张金宝的艺人投资开发的。从2009年到现在累计投入8000万，很多事他都亲力亲为，克服了常人难以想象的困难，经过九年才打造出这样一个景区。闺蜜的儿子看了特别喜欢，他被深深地吸引了。

一进入景区，我们便被峡谷里多处翡翠般的泉水给迷住了。碧绿的泉水如同一串翡翠镶嵌在大地上，美不胜收，让人不由得驻足观赏。

慢慢往前走，映入眼帘的是天然水世界森林体验运动乐园，里面设置了欢乐水寨、激情踏浪、疯狂水滑梯、山洪音乐广场、岩泉游泳池等项目。我和小哥说："一到夏天，这里就成了孩子们的天堂，不用舍近求远，水上乐园已经非常壮观了。"

因为我没有穿旅游鞋，到了要走山路的地段，我就没有往里走。听说往里走还有许多风景，朋友告诉我，景区内峡谷两侧陡峭险峻的山体蜿蜒数千米，遍布形态各异、重达数十吨甚至上百吨的巨石，岩石表面的肌理异常丰富，像虎皮，像鳄鱼皮，像化石等，尤其在河床岩石上留下的直径30厘米左右的圆形石坑，酷似虎掌印、马蹄印，多达千余平方米，实属罕见。

目前景区在不断地调整经营理念,完善设施,以吸引更多的游客走进景区。

待我下次做好准备,一定用心体验虎踞峡的美景。

（2018 年 1 月 2 日）

◎洞见:我不敢想象永康还有如此美的景区,真的是"墙里开花墙外香"——永康人不知道,外地人却慕名来游玩。现在,虎踞峡是游客休闲度假的首选之地,孩子们在水上乐园尽情释放。走进虎踞峡,给我带来意想不到的惊喜,我为永康有这样的美景而自豪。

# 每日精进走入钉钉

　　机缘巧合，我知道宏伟供应链使用钉钉（Ding Talk）与OA管理来进行提升。吕总为了解决协会会员每日精进存档、检查工作、到点提醒等问题，建议我们先用钉钉管理，还专门派来专业的邹总给协会设计了板块，有问必答，帮我们不断更新调整。

　　昨天开会，协会了解到还有许多会员未使用钉钉，还没有了解钉钉给我们带来的不仅是能够实现大量信息的存储，而且可以快速导出你所需要的信息，设置自动提醒功能，这就可以减少人工成本，自动生成报表，等等。

　　目前我们还没能全部实现协会检查结果标准的要求，所以现在建议所有的会员，微信上使用原来的管理标准，钉钉上日精进实现存储和提醒功能。这是微信实现不了的功能——只要换手机或者系统更新，微信信息都找不回来。而钉钉的后台有保存功能，可以快速导出每个人每年的全部日精进，精进文化协会所有会员如果用上钉钉发日精进，等于可以把每一个会员、每一天、每一年写的日精进进行汇总，当作每年的礼物送给会员。会员不用手抄就可以把精进的精神传承下去，每天的点滴记载，将会成为今生最重要的财富。

　　我公司的每个部门管理人员都已经使用了钉钉管理，实现了手机办公报批手续，打卡、签到、视频会议、电话会议、钉邮、公司团队的全部记录等。

钉钉（DingTalk）是阿里巴巴集团专为中国企业打造的免费沟通和协同的多端平台，提供 PC 版、Web 版和手机版，支持手机和电脑间文件互传。

钉钉公司的软件，还有一个最大的好处就是不断解决中小企业的问题，持续进行升级。我相信在不久的将来，钉钉一定能够实现精进文化协会目前的所有管理需求。

（2018年1月3日）

❀洞见：亲爱的伙伴，新的事物需要新的方式，否则，怎能了解和发现新鲜事？拒绝进步的是自己，而不是别人。

# 适合自己的才是最好的

昨天去公司上班，发现管理人员身上穿着新的工作服，看起来蛮不错。这工作服还有内衬，特别暖和。现在下班回家我都不用换衣服，直接把工作服穿回去。

有一次，我叫一个朋友到公司来喝茶，他看到我就说："那天，你们公司一个员工穿着工作服来我家，我就跟他说了，等老板娘来了我要问她要一件，这衣服挺不错。"

制作这款工作服的念头，来自上半年我去九皇公司拜访朱总的时候。这件衣服，朱总穿在身上看起来器宇轩昂，气度不凡。我觉得这工作服的款式、颜色、面料都与众不同，而且价格还不贵，唯一的缺陷是在重庆那边定做，有点远。所以当时我问朱总要了电话号码，今年就定做了这样的工作服。

我曾经建议精进文化协会，也做类似的冬季服装，可惜理事会未通过。

（2018年1月5日）

洞见：这件工作服的款式、颜色、面料都很像警察的制服。与之前我们所做的工作服，完全不一样，冬天还特别保暖。

很多时候我们需要去尝试，才可能有机会接触更多。不是贵的就是好的，适合自己的才是最好的。

# 可能性无处不在

前天订机票的时候，提醒自己别忘记预订招商银行的机场贵宾服务，结果今天出发去萧山机场的时候才发现，还是忘了。

刚好一起出行的还有2个小伙伴，离飞机起飞还有3个小时，我果断打电话到招商银行专线，申请贵宾服务。服务人员非常客气地告诉我，马上办理，叫我等下看信息。

过了一会儿，收到了两条回复：您好，已为您预约1月6日的杭州机场贵宾厅。贵宾厅位于安检外，T1、T2航站楼中间3号贵宾厅，请携您的无限信用卡提前1小时到达。

【萧山机场易行贵宾】您已预约1月6日杭州—海口HU7072航班机场贵宾3号厅服务。车辆凭此短信进入贵宾区。0571-86665666。

一进贵宾厅，有专门的服务员给我寄行李、换登机牌、选靠前位置，并送上水果、点心等各种茶点，还用专车送我们登机。

（2018年1月6日）

◎洞见：在我的记忆里，好像要提前几天才能预约机场贵宾服务。其实我们应该多去体验服务给我们生活带来的美好。

很多时候我们的思维，自我设限框住了行动，导致那仅存的一点可能性也没了。

　　生活的点滴和经验告诉我们：我们活着就是来创造奇迹的，只要还有办法可以尝试，就不能放弃任何一丝希望。可能性无处不在，它就在我们身边，需要我们积极尝试。

精进之美

（永康市精进文化协会系列丛书）

# 当坚强遇见温暖

昨天来海口，参加吴老师的关爱艺术学习。刚好我因患了重感冒，加上阿姨没在家，连吃早饭的欲望都没有，喝了一杯水后就匆匆地跟伙伴一起上车了。到机场贵宾厅，只吃了一小碗方便面，上了飞机后连飞机餐都吃不下。

刚下飞机走出检查口，就看见海口义工团在路边欢迎我们，他们穿着整洁的衣服，非常有礼貌地跟我们打招呼。接送我们的是海口学长，还为我们准备了水果和饼干。义工告诉我们，为了本次的服务更周到，他们还专门请了慈济的义工来给大家培训。

到了酒店大堂，赵俨马上出来拥抱我们。等我们签到后，他帮我们预定好房间，并亲自给我们送来海口的水果。

一进房间，我就倒床不起，发现自己额头滚烫，发了高烧。本来想叫餐，送到房间来吃，却一点力气也没有，吃了一点水果，发觉自己的脸通红通红了。打电话与闺蜜讲了几句，她让我注意身体。然后我就关机睡觉了，让自己安静下来。

今天一早，吴老师得知我身体不舒服的时候，马上打电话给我，让我叫张医生看看。

（2018年1月7日）

❀洞见：昨天和今天碰到的都是满满的温暖。我平时看起来很坚强，但是当坚强遇见温暖的时候，我会特别感性，柔软的一面马上释放出来了。感恩吴铭峰老师、北京光耀所有工作人员、海口所有的义工，感谢你们真心真诚的付出。感恩姐妹们的关心，让我有不一样的体验。人生路上有坎坷，但庆幸有家人、朋友、老师的温暖，照亮我们前行的路。

# 接纳建议

昨天我收到了胡晓曼的信息：秀丽姐，我有个不成熟的建议——会员的生日，除了贺词和祝福以外，能不能放一张他的照片？

从作为新会员的角度来说，认识每一位家人的机会很少，也不可能每个人都有时间做自我介绍。

发生日祝福就是一个比较好的契机，因为我看到每次祝福都有很多介绍和鼓励，我都会很想知道是谁，希望以后见面能知道他是我们的家人。

我当下就回复她：好的。谢谢你的建议，我们会采纳。然后，我让阿巍与小曼联系，把她的这个想法给呈现出来。

今天小凤也给我发信息，问写日精进的标准格式是什么。她发现群里一些人的格式不一样，但是又都符合检查的标准。如果大家的格式能够统一，那是最好的。

格式问题，不仔细看还真看不出来。感谢小凤的宝贵建议。

（2018 年 1 月 8 日）

◉洞见：其实看到她们的信息，我由衷感谢！会给协会提建议的人，是有勇气、且发自内心希望协会能够做得更好的人。别人给出的是好的、正确的建议，如果我们马上采纳了，相信一些情况就得到了改善。

# 缘　分

　　昨天下午与一个老朋友说事，谈着谈着，思绪就飞出了十万八千里。曾经说过，做一辈子的好朋友，却没想到走着走着感情就淡了，慢慢成为心里默默祝福的朋友。

　　参加一个活动。到了吃晚饭的时间，大连的王总，在微信群里相识已经有两年多了，可是现实里我并不认识他。前天王总微信上叫我们一起吃晚饭，因我们已经回酒店而没有吃成。王总很热情，约我们今天再去吃晚饭。当我们终于在现实里相见的时候，王总说了一句：以前有缘无分，没能认识，今天有缘有分了，能够聚在一起。

　　就是因为王总的邀约，我们13个人聚在了一起，让我们彼此之间有机会进行深层次交流。

　　吃完晚饭回到酒店，真的如噩梦一般。不知道出了什么状况，我觉得仿佛是恶作剧，3个警察叔叔突然出现在我的面前，让我胆战心惊，一夜未眠，加上身体本来就不适，一夜消瘦。我一辈子也想不到还会有这样的情景出现。

（2018年1月11日）

◉洞见:人生中会遇见许多的恶作剧,让我们记忆犹新。

离开的人、遇见的人,不会无缘无故出现在我们的生命中。离开的送上祝福,遇见的要珍惜,让你痛苦的也心怀感恩。

平坦,不是最佳的道路;起伏,才是精彩人生。坦然接受一切,你会更从容。

# 边学边思考

　　这几天在三亚接触最多的人,便是张时铭学长。前天回三亚,今天去万宁,所有接送的车都是张学长给我们安排的。有几天,他只睡3小时,然而看起来却还是精神满满。看到他有特别好的精神面貌和心态,总是能感染我们。

　　如是蔬素是张学长开的素食餐厅。当我进去的时候,我就被餐厅的独特装修吸引了,简约大方,禅意绵绵,环境整洁。张学长与我们分享说,为了开素食餐厅,2015年就开始去许多地方学习,2017年装修半年后,才正式营业。

　　今天中午王学长为我们点了素食,南瓜汁原汁原味,特别好吃。有人甚至称赞说,是这辈子吃过的最好吃的南瓜汁。有一道猴头菇,看上去像是肉,但确实是菇,还有绿色的辣木馒头,营养价值是鸡蛋的三倍,毛芋的做法也和我们平时吃的不一样,反正就是特别好吃。

　　我好奇地问张学长:"做素食餐厅赚不了多少钱吧?"张学长回答:"那倒没有。刚好不亏本,我已经很满足了。做素食就是为了让更多的人知道,素食能给我们带来健康。如果'90后'能喜欢吃素食那就更好了。"

(2018年1月13日)

◉洞见:在我的印象中,素食馆多是一大锅煮起来放在一个盆子里,大家有想吃的,就自己去拿,再到收银台去付钱;当然,也有免费的。这样的模式其实比较土了。

三亚如是蔬素餐厅的素食,每个菜都要去点,一盘一盘专门炒的,不是大锅烩,连碗碟都特别独特,筷子、手巾也是特制的。

当上菜时,我们都会忍不住先去欣赏,去猜菜品的食材,再用心去品尝。虽然素食就在我们面前,但是已经改变了模样,能够勾起我们的好奇心。

吃过如是蔬素的素食,完全改变了我之前对素食的想象。素食可以做到和五星级酒店的菜品一样。无论做什么事情都要非常用心,要做到极致。

# 爱的文化

曾经在9月份的时候，与我一组的王超告诉我，他们来自山西万鑫达，来学习都是老板出钱的，而且一同来的有好几个人。

刚好这次在三亚，万鑫达卜总和他的团队一行人，同样参加了这次的两个课程学习。大家有缘相聚在三亚，我也认识了充满大爱和正能量的卜总。

初次见卜总是在餐桌上。虽然他是位大企业家，但给我的感觉很淳朴，微笑总是挂在他的脸上，这拉近了我们之间的距离。面对整桌的海鲜和肉，他一心一意吃着蔬菜，不为美食而诱惑。

他为了让种子文化在企业里生根发芽，送了几十个人来学习。他们的成员私下都跟我讲，我们的卜总真的对我们特别好，公司福利好，待遇也好。

他们的管理团队成员都特别好学，态度谦虚，不懂就问，特有礼貌。在我们认识的短短几天里，卜总团队的成员总是很客气地过来打招呼。

卜总离开前，特意过来跟我打招呼，还邀请我去山西做客。

（2018年1月14日）

◎洞见:充满大爱的卜总非常谦虚,用他无私的爱,经营着一家有几千人的大企业。一位大老总,还亲自带队外出学习,做好了所有人的榜样。

他们管理团队的人,如果想去学习,卜总立马就把钱给交了。当他有许多财富的时候,他想的是跟着他一起打拼的伙伴们的成长。

这是一个企业爱的文化,也是员工所渴求的生活。在这样的一个大家庭中,员工的幸福指数会飙升,企业会有持续发展的力量,生命力会更旺盛,基业长青。

# 最真诚的告白

　　昨天坐首都航空的航班，准点上飞机。当飞机离起飞还有 5 分钟的时候，机长拿着话筒说："飞机马上起飞，我是本航班的机长，请各位乘客坐好，系好安全带，本次飞程时间 2.25 个小时，到达杭州萧山机场。本次航班上，有我的老婆和两个孩子。我常年在外，每天飞来飞去，家里两个孩子都是老婆照顾的，今天我想对我老婆说声'老婆辛苦了，谢谢你，我爱你！'"

　　机长马上给老婆、孩子送上鲜花和礼物，再送上亲吻。所有的旅客看到这一幕，都送给他们热烈的掌声。

　　机长的老婆和孩子坐在第一排，我坐在第二排。这个温馨的场景就在我眼前上演，机长表白的时候，有几个乘务人员在机舱门口录视频，脸上洋溢着微笑。他们肯定是用心策划过的，机长的老婆根本不知道这意外的惊喜！

（2018 年 1 月 15 日）

　　◎洞见：这是我第一次在飞机上见到真情告白，男主人公发自内心，很感动也很浪漫。看到女主人公脸上灿烂的笑容，那一刻幸福尽在不言中。

# 想念亲人

今天早上我在客厅整理水果和鲜花时,睿森看到马上就问我:"妈妈你今天要去干什么呢?"我回答:"今天是外婆去世两周年的日子,我和你爸爸去祭拜一下。"过一会儿吃早饭时,睿森又说:"我也想去,我想外婆了。"我说:"小宝,今天你要上学的,否则会影响你一天的学习,再说马上要考试了。当然我会把你的思念转达的。"孩子一边吃着稀饭,一边流着眼泪。看他伤心我也泪流。

（2018年1月18日）

◎ 洞见:纪念亲人的方法有许多种,特殊的日子特殊对待。

睿森因不能去祭拜外婆而流泪。那一刻我心里感慨,不能老把他当小不点儿看待。

# 智慧沙龙致辞

首先，我向大家简单介绍一下何谓沙龙。沙龙原指法国上层人物住宅中的豪华会客厅，后来发展成为一种重要的社交活动方式。它起源于17世纪的法国巴黎，其主要特点是：定期举行、人数不多；形式多样、氛围轻松；参与的成员多为社会上比较有思想、有文化底蕴的人。这说明我们协会有别于一般的社会团体。

其次，大家应该清楚协会的定位。

愿景：精进影响一生。

使命：每天精进一点点。

价值观：自律、快乐、传承。

宗旨：天天感悟，天天分享。

所以我们是精进文化的践行者、传播者。

那么如何做到这些，就需要通过沙龙等方式进行不断学习、交流、碰撞、沉淀、提升。只有这样，才能让大家的素养得到改善和提升。大家有改变，协会才有改变，协会有改变才能有品牌效应，有品牌效应才能影响更多的人，影响更多的人才能推动社会进步。

因此，在座的各位不要小看这个沙龙，你们不但是企业家、一个家庭的组成人员，而且是社会责任的担当者。我这么表述不是说大话、空话。你仔细想一下，你们每个人都是社会的一分子，如果把自己的家庭、企业经营好了，整个社会不就进步了吗？星星之火，可以燎原。千万不要小看自己，大家说对不对？这也就是我为什么最佩服的不是鳄鱼、大象，而是蚂蚁，因为它们分工有序，团结合作，力量惊人。

精进文化协会的成员每天写一篇日精进，汇集起来就像浩瀚大海，能够影响无数的人。党的十九大会议结束的时候，林校长提议这期沙龙的主题：日日精进，大步迈向新时代。学习党的十九大，为实现中国梦助力。当我听完的时候，内心激情澎湃。

最后祝今天的沙龙活动圆满成功，希望大家都有收获！

（2018年1月20日）

◎洞见：我们每一个人只要持续发出一丝丝光，就能照亮世界。不忘初心，日日精进，精进一生，践行一生！

# 开启新篇章

　　昨天是第一届永康市精进智慧沙龙召开的日子，这个活动从开始筹备到举行，已经有两个多月了。因为是第一次让成员分享写日精进给自己带来的改变，而且还要以PPT的形式展现在大家面前，这对于我们这些"土八路"来说，有一定的困难。于是，每个人都得学着做PPT。7个分享者都特别努力，除林校长培训的两次，分享者又一对一地找林校长指导。几次的调整，无数次的练习，相互支持，相互点评，大家收获了不一样的友谊。

　　王美强是常务副会长兼秘书长，提前开理事会的时候就把本次的活动重点落实，协调着各个部门的沟通工作。感召想加入的成员，这绝对是他的强项，发现身边人的亮点，观察力特别强，所以每次会议都有他的一道亮丽风景。

　　杨宜敏是学习部部长。她义不容辞地担任了本次活动总监；同时，她又是分享者之一，公司临近年底她的事情特别多。这次活动在她的努力下，整个流程都安排得井井有条。

　　王新如是副会长，也是本次活动的副总监。她是分享者之一，也是我们的大姐，光PPT她就做了4次。不仅如此，她一次又一次地把分享者，带到崇德学校，让林校长给伙伴亲自辅导。演讲练了又练，分享时也赢得了许多掌声。

徐腾飞是团建部部长,负责本次感召参加人员的工作。他的改变感召了合作伙伴,把不可能变成了可能。他还临时组建了一个感召组,每个队派出两名人员打感召电话,工作做得很到位。

应爱绸是副秘书长,负责加入精进文化协会人员的全部工作,还要负责每次活动物品的采购和礼仪组的工作。对于她来讲,工作量是蛮大的,但是她一次一次地把工作都完成了。

徐美芳是慈善部部长,负责所有物资的安排。每次活动都会见到她忙碌的身影,物资管理得井然有序。她的文笔特别好,林校长的嘉许词便出自她的手。

申屠鑫是春天队的副队长,和宣传部的翁常金负责本次安保工作,还成立了保安礼仪组。他们总是最早到达最晚回去,负责清场。本次活动的保安礼仪给别人的印象是最好的一次。

陈涛、陈柳丹是副会长,负责本次活动的控场。他们的身影不时出现在会场,把每一个流程都跟进到位。

协会专职周恒巍,将会议内容跟进、公众号都做得有声有色。

音控区域,每次都能看到胡航华的身影。还有许多在保安礼仪组付出的伙伴,他们各个精神抖擞,只要进会场的人都会被他们给吸引,这就是精进人的素养。

(2018 年 1 月 21 日)

❀洞见:2018 年 1 月 18 日,精进文化协会在大家的共同努力下,开启了新的篇章。精进文化协会又上了一个新台阶,分享精进智慧,挖掘精进灵魂。精进人将用自己的言行举止,去影响更多的人。

# 一切皆有可能

1月20日精进智慧沙龙活动结束后，我因为有急事，没有参加活动后的总结。

芳妹给我发来信息：丽，是你教会了我，什么叫一切皆有可能！

陈涛在昨天深夜给我留言：昨天参加活动时，不知道美芳有没有跟你说，你昨天走得比较早，让我感触最深的是，永远不要说一件事情做不到。我们看到了太多太多活生生的例子，我们认为不可能，而你认为可能。就比如嘉许林校这部分，其实效果挺好。姐，给你点赞！

刚开始我们讨论嘉许林校的环节，芳妹回去与几个小伙伴讨论了一下，觉得在几百人的场合，要把林校抬起来，摇篮曲响起，又担心林校不好意思，环境不够安静，只要有声音就会打破和谐。最后陈涛给我打电话确认，我回复他：听我的，没有做过怎知道行不行，我们不要设限。

精进文化团队是很棒的，虽然每个人有自己的想法，但是我说要做，他们就各自分工，马上行动。光是为了写嘉许稿，芳妹就看了林校的日精进两个多小时。大家合作把这个环节做到极致。

（2018年1月23日）

❀洞见：嘉许林校这个环节，全场没有一丝声音。在几百人的见证下，林校感动得哭了，我们也哭了。

团队合作很重要，大家可以都有想法，但只要定下来了，就必须全力以赴去完成。而且我们的思维，一定要打破旧框框，损失的是过去，得到的是未来！只有敢于去创造，一切皆有可能，奇迹会出现！

# 坚守岗位

2017年11月的理事会通过决定,本协会的正式会员一旦生孩子,协会秘书处要有人上门关心慰问,并送上红包,略表心意!

近三个月,有三名会员添儿女。她们的精神可嘉,无论疼痛来得多么猛烈,都不忘写日精进。

去年11月12日,胡小曼疼痛了七八个小时,孩子还没有生出来,趁精神还吃得消,赶紧写日精进日志。

今年1月18日,胡琳爱疼痛了七八个小时,经历了撕裂般的阵痛后,生下一女儿。日精进的内容是满满的感恩。

1月24日,徐小凤在做完手术后的4小时,发出了日精进,给大家报平安。今天一早又发自内心、满含深情地写了一篇《相信专业的力量》,感恩龙川家医院的医生,让自己战胜内心的恐惧。

（2018年1月25日）

◎洞见:写日精进的女人内心比较强大,一般女人觉得生孩子就可以请产假了,可是日精进文化协会的女人却依然坚守岗位,用感恩的心对待身边所遇见的每一个人。试问大家:我们还有什么理由,为自己做不到的事情找借口呢?

# 爱心下乡

今天在慈善部副会长王新如的带领下，我们走进了花街倪宅敬老院。碰巧的是，刚好是我们会员倪春景的娘家。我们在新如姐的安排下，提前把物资准备好。红灯笼面馆陈丽萍，用专业的水准把包饺子的馅拌好，所有到场的人都开始包饺子。人多力量大，的确如此！到场的所有女同胞，一下子就把10斤饺子皮全部包完了。

过一会儿，许多老人来到了食堂，等待吃上热腾腾的饺子和红灯笼面馆的面条。食物一锅锅端出来，都被老人们一扫而光，根本来不及煮。

老人吃得特别开心，有些吃了一碗又一碗，吃得可尽兴了。

有些老人腿脚不方便，申队长连忙把饺子和面条端到他们面前。如果食堂中有老人还没有轮到，便及时给予照顾。

阿巍和沈北徽负责拍照，一张张照片，记录下了点点滴滴。

（2018年1月28日）

◎洞见：大家做的饺子和红灯笼面馆的面条，还有专业厨师上门烧，配料香，味道真的很好。

看着老人一张张满足的面孔，嘴角露出美丽的微笑，我们内心也很满足。

# 请　求

前两天协会周恒巍与我沟通，每次活动后有许多会员写活动感想和感悟。这次精进沙龙有60多个伙伴在写，公众号做链接只要6个左右。阿巍查看了后台，点击转发量不大，建议不要做。

我的建议：不管有没有人看、转发量大不大，我们都要把关于活动学员写的日精进链接给做出来。把这些内容放在订阅号里，每个活动的精彩文字，想看的时候随时可以看，同时也可以保存每个会员活动后的印迹。当外界想了解日精进是什么的时候，点击"精进之美"便可以略知一二。

今天《智慧沙龙之二》做出来后，我看到乐茜、建兰在转发，马上给她们点赞。乐茜看我给她点赞，给我打电话说："这个链接做得真棒，把我们写的日精进都做进去了。"

以后我们对新进的会员进行提醒，只要有链接，希望大家及时转发朋友圈。同时向老学员发出请求，我们是一个正能量的团体，传播也很重要。

（2018年1月29日）

洞见：只要我们每个人出一份力，凝聚的力量就无限大，团队只要凝聚就会有影响力。今天我发出的请求，我相信所有伙伴一定能够实现。

# 感召的魅力

在1月16日那天，亿家的施经理发来了邀请函，还专门发信息过来：颜总，我们1月30日要在哈勃新厂房内举行亿家10周年年会，邀请您前来参加，详见邀请函！请百忙之中抽空参加！期待您的光临！

1月20日，又收到了新的邀请函（标上了企业名称和我的名字），还有一条信息：颜总，我们年会行程安排见新的邀请函！谢谢！

1月29日下午，施经理把定位发过来，随后又有一条信息：颜总，这是哈勃和唐风温泉的微信位置，明天下午1点哈勃签到，4点左右去唐风温泉参加晚宴。

1月30日，是年会开始的日子。下午12点37分，施经理发来语音：颜总您出发了吗？我们都已经在这里等你们了。

我说：马上到，我们公司的郎总也来的。

（2018年1月30日）

◉ 洞见：今天，"风雨十载 携手并进"亿家集团成立10周年庆典活动隆重举行。施经理的年会，让我们有一种归属感。被认可真的很重要，我们的心瞬间与亿家连接在一起。

# 天很冷 心很暖

昨天的雪，给永康大地盖上了一层雪白雪白的银装。大人小孩盼了好久的雪，在我们快要失去耐心的时候，终于悄悄地来了，让我们的心里充满了一份久违的喜悦。

今天早上，手机有一个未接电话，是儿子学校蒋敏老师的，打过去得知，原来是叫我给孩子送鞋子和袜子，儿子和同学们一起打雪仗给弄湿了。后来看到孩子们打雪仗的视频，老师、小朋友的尖叫声，让我隔着屏幕都能感受到那个氛围！

挂完电话，我刚好不在家，只能安排阿姨给送去。阿姨刚要送的时候，傅振轩妈妈给我来电话，叫我把东西准备好，她帮忙一起送去。那一刻我心想，她怎么知道我家孩子的鞋子湿了呢？如果让阿姨送，这下雪天，路上太不安全。

我一看学校的通知才明白，原来蒋老师在群里发布了公告，告知家长哪几个学生是要送鞋子和袜子的。

（2018年1月31日）

🌸洞见:挂完电话,想想老师真的很用心,除了在群里发公告,还给家长一个个打电话通知。天气虽然很冷,但是我心里暖洋洋的。

　　在接送上,我经常会麻烦其他小朋友家长。无论是小朋友和家长,当我有求于他们的时候,从来没有推辞过,都是非常客气的。在这样一个大家庭里,我总是能感受到温暖。与你们相伴真好! 感恩有你们!

第二辑

二月

2018年 2月

# 鱼池缘

刚搬进新房的时候,鱼池没有做好,总是漏水。鱼池两年的时间里都没有使用。隔壁邻居也与我有同样的遭遇,她告诉我后来给她做好鱼池的老板的联系方式。等万不得已的时候,我也找到了那个老板,最后鱼池不漏了才敢把鱼养进去。

养鱼快两年了,昨天我打电话叫老板来清理鱼池。员工回去了,老板也很为难,希望我过了春节再清理,而我执意年内清理。他勉为其难地答应帮我先看看,中午他带着老婆来清理。

不清理不知道,鱼池里积累了太多垃圾。在他们夫妻俩共同劳动下,鱼池总算干净了许多。他们还教了我许多养鱼的方法,水温10摄氏度以下不要喂鱼,鱼池里有一块块白迹的地方,是消毒片,直接扔进去会腐蚀鱼。我们需要把消毒片全部化开,再倒进鱼池。

老板边清鱼池边开始表扬我,对我每天坚持写日精进,给予了肯定:"我经常看你每天写日精进,写得真好。能这样坚持写,这份精神真是了不得。"

(2018年2月6日)

🌸洞见:因为鱼池的缘分,让我们相识,让我懂得养鱼的窍门。只要是关于鱼池的问题定找他。帮你解决问题的人,就是创造价值的人。

# 精进人

今天是协会所有的理事在农历旧年的最后一次会议的日子。与以往不同的是，我们以轻松的心情和大家相聚在一起。

2017年在所有理事的共同努力下，稳步推进各项工作，大家集思广益，再创佳绩。

今天，我有千言万语想对所有的理事说："感谢在座的每一位伙伴的全力付出，你们的智慧会在精进文化的历史里铭记。"

感恩一直以来默默支持我们的领导和爱心人士，遇见就是最好的回报。我们愿意用爱的力量去滋养所有的遇见，去开垦一片别人从未开发过的土地。

（2018年2月9日）

◎ 洞见：作为精进文化协会的一员，我们只能摸着石头过河。无畏无惧是精进人的风格，持续创造力量，团队让我们向善向上。

# 学习能力很重要

儿子睿森已经去昆明上吴铭峰老师的少年中国班课程。今天早上醒来,特别想念孩子。这个课程孩子连续上了3次,而且每次都是睿森自己主动要去的。

这次很巧合,刚好朋友陈请带班带睿森,对孩子的了解也会更多些。上课第一天,陈请发来了孩子的笔记后,又发了信息:"孩子虽然很好动,但学得也好!"

这次课程报到的时候,每个孩子都收到了吴老师准备的礼物。毛绒玩具是睿森最喜欢的。每天学习结束以后,吴老师还给孩子布置作业,把当天学的用话剧表演出来。让孩子学以致用,还要会表演、明白演讲的技巧。

上课第二天晚上,我又收到陈请的信息:"他学习能力挺强的,做作业态度也很好。中午我开会,他回房间了。老师布置了作业,等我回去后他已经做完了。同屋的在看电视,他也没受影响。"

我马上回复:"请提醒孩子自己做好作业后,一定要去帮助其他小朋友把作业做好。"

在少年中国班的熏陶下,孩子正逐渐明白事理,学会如何处理人际关系,从而有了努力的方向,帮助更多的人。

（2018年2月11日）

◉洞见：孩子能够在崇德学校就读，并能参加少年中国班的学习，这是我此生做得最明智的选择，留给孩子财富，不如留给孩子学习的经历。

学习是最好的礼物，舍得才能创造一切，让孩子的人生更丰满，从此与众不同。

# 辞旧迎新

每天一篇日精进，日子到了2月15日——2017年农历的最后一天。到现在为止，把所有未完成的事情都进行了有效的总结。

感恩在大家的共同努力下，在客户全力以赴的支持下，公司创造了佳绩，渡过了一个个难关，登上了一个又一个的山顶。

精进文化协会在各部门领导和理事成员的扶持下，工作得到了有声有色的发展。每日书写日精进的精神得以传承。

今天是团聚的日子，陪家人一起吃年夜饭。我们已慢慢步入中年，孩子们渐渐地长大成人，长辈一年比一年老。亲人在一起的每一天都要珍惜。

（2018年2月15日）

◎洞见：2017年除夕夜在今天画上了圆满的句号，用最好的心态迎接所有的遇见。感谢生命中遇到的每一个人，你的出现让我明白了生命的真谛。

# 表　扬

今天我们去菲乐西餐厅用餐，刚好碰到了睿森学校的老师，老师还带着一岁多大的儿子。

我们到的时间比老师要早，所以我们点的餐已经到了。老师的宝宝坐在宝宝椅上，看着我们的鸡翅就将手举向我们，看起来是想吃。我提醒睿森："宝宝想吃鸡翅了。"睿森拿了一只鸡翅就给宝宝送去。当我们上了比萨的时候，睿森又给宝宝送过去。

我从朋友家回来的时候，收到了老师的表扬微信：今天碰到睿森，他看我儿子饿了，拿了吃的东西过来。他真是个懂事的大哥哥！

（2018年2月19日）

◎洞见：其实有时候身边的微不足道的一个举动，就能让别人深深地记住。

# 好奇心

　　从我们计划游厦门起,二哥就几次提醒我去参观永定土楼。昨天我们就在陈总、孔总的建议下,先去永定土楼游玩。

　　我平时没时间看电影,来之前一点都不知道孩子们都看过的一部电影《大鱼海棠》。永定土楼是《大鱼海棠》重要的取景点之一。一到景区我们就找了导游,回答我们的疑问,满足了我们的好奇心。

　　林导游给我们介绍福建土楼,她在土楼里土生土长,所以对土楼特别了解。土楼以独特的建筑风格和悠久的历史文化著称于世,福建土楼的形状有圆形、方形、椭圆形、弧形等。

　　其中最著名的有福建土楼王——承启楼、土楼王子——振成楼、土楼公主——振福楼。

　　我们今天去的是振成楼。国家主席习近平都多次去振成楼,上面还有合影。振成楼坐落在福建省龙岩市永定县湖坑镇洪坑村中南部,整个村有230多幢土楼还有人居住,全村人都姓林。

　　振成楼由洪坑村林鸿超兄弟等人于民国元年(1912)建造,俗称八卦楼,以富丽堂皇、内部空间设计精致多变而著称。其局部建筑风格及大门、内墙、祖堂、花墙等所用的颜色,大胆采用西方建筑美学所强调的多样统一原则,达到了极高的审美境界,堪称中西合璧的民居建筑的杰作。该楼坐北朝南,占地约5000平方米,由两环同心圆楼组合而成。外环土

木结构，高4层，直径57.2米，内通廊式。当时的造价是8万大洋。

房子设计超棒，有防水、防盗、防震、防贼等功能。圆形土楼可防风，因外形为弧形，风压力不大。振成楼的独特设计还可防火，因卦与卦间有隔火墙，万一失火，只能烧一卦，不会蔓延。现后厅有两卦在1929年被人放火，现在重修的痕迹是保存下来的土楼可防火的历史见证。土楼还可防盗，盗贼进入土楼后，八卦门如果关闭，盗贼是难以逃脱的。楼外顶墙处每卦设有瞭望台，作为土楼里面军事防御设施。煮饭时火烟是从每个厨房中间墙中设计好的烟囱直上瓦面冒出的。小哥与我分享："人可以不出来，在里面生活三个月没有问题。"

林氏家族的兄弟靠做烟丝发家，赚了钱之后首先想到的是教育事业，在村里建立了一所学校。后来又建了振成楼和别的土楼，在洪坑村起到了很重要的引领作用！

洪坑村还有一个最小的土楼，导游告诉我们这就是《大鱼海棠》电影里神婆所住的如升楼。它是迄今最小的圆土楼，坐东朝西，寓意如日东升。

（2018年2月24日）

◎洞见：土楼很壮观，体现了林氏家族的超高智慧。几百年后，可以讲工匠精神，林氏家族的精神都是永垂不朽的。

# 土耳其冰激凌店

在鼓浪屿，孩子们想去买冰激凌，一位导游从我身边走过时说："这边的土耳其冰激凌店是网红店。"我一眼看过去，土耳其冰激凌店门前的队伍排得长长的，像长龙一样。

孩子们看了就跑回来，想到边上的店去买。我马上打圆场："既然已经来到了鼓浪屿，这个店的冰激凌又这么有名，那么，就算排队等候也要买来尝尝。"

不知道我今天从哪里来的心血来潮，平时没有耐心的我今天居然心里特别平静地在那里排队。

我怀着体验的心情，看马尔马拉做土耳其冰激凌，每个动作都充满着搞笑，又特别有激情，倒不如说是在看一场表演。这样等的时间过得也特别快，同时充满着喜悦。

在我前面的一个小朋友拿冰激凌的时候，马尔马拉会做许多搞笑的动作，还和小朋友扮鬼脸。

今天我特地买了3个土耳其冰激凌，我已经许多年没有吃了。当我迫不及待地放进嘴巴里，透着冰爽和甘甜，同时土耳其冰激凌以黏稠、有嚼劲闻名。我忍不住跟在边上的小朋友的家长说："一定要买一个尝尝，与我们平时吃的冰激凌味道完全不一样哦。"

（2018年2月25日）

❀洞见：同样是在鼓浪屿，同样是卖冰激凌。可是卖的人不一样，做的方法不一样，效果也不一样，客户的体验更是大不一样。

在制作土耳其冰激凌的过程中，马尔马拉会时不时地调侃客人，逗小朋友把放好的冰激凌又快速抢走，给人一种想吃又吃不到的感觉。

当我要走的时候，马尔马拉还把一大块冰激凌给吸起来，顾客发出一阵阵尖叫声。整个过程有趣又好玩，所以土耳其冰激凌也称为快乐的冰激凌、激情的冰激凌、会飞的冰激凌。如何销售，是一门大学问！

# 相信创造奇迹

　　今天与孩子们一起观看了电影《大鱼海棠》，被深深吸引。睿森在学校看过了，在观看的时候，如果我有不懂的地方，他就及时跟我解释。

　　永定的土楼振成楼在这部电影里，成了耀眼的星球。故事的情节是：居住在土楼里的女孩"椿"，16岁生日那天变作一条海豚到人间巡礼，7日后必须从人间回去。当她要回去的时候，被大海中的一张网困住。在岸上有一对人类兄妹看见了，哥哥"鲲"义不容辞地去救"椿"，并因为救她而落入深海，永远无法回来。后来"椿"为了报恩，变成了一个人，想尽办法用自己一半的寿命，帮助男孩的灵魂———一条拇指那么大的小鱼，成长为比鲸更巨大的鱼，并回归大海。"椿"毫不犹豫地答应，本是天神的"湫"为了"椿"把生命都给了她，两个人共同努力，历经了种种困难与阻碍，男孩死后终于获得重生，最终"椿"也获得了新生，与男孩在人间再次相遇，并创造了奇迹。

（2018 年 2 月 26 日）

　　◉洞见：看到最后我流泪了，结尾的几句告白深深打动了我。人生好比一场旅程，不知要经历多少个轮回才能换来这场旅程。就如电影里的主人公一样，只要是正义的事就大胆去做。相信会创造奇迹，不要等待别人的给予，勇敢去创造，一切都会属于你的！

第三辑

三月

# 重新出发

今天是个好日子，一早就听到了喧闹的鞭炮声。我迎来了精进文化协会和彩帝公司同时开工的日子。我先来到协会，阿巍已经在整理办公室了，这几天要做的工作也井然有序。

我给阿巍送上开工红包就急匆匆离开了，带着喜洋洋的状态，往彩帝公司方向前进。一路上，车上音响传来了佛歌，让我的心变得更加平静。

等我到了公司，伙伴们都去车间帮忙，客户急需要的货，管理人员都自己动手去做，已经安排妥当了。感恩客户对我们的信任，感谢员工的大力支持。

新的一年开启，又看到了一张张老面孔，我们有缘又相聚，真好。我们开始放礼花，发开工红包，简单的仪式开启了农历2018年的工作。大家聚在一起喝茶，把工作计划落实下去。因为今年开工比较晚，我要求大家直接进入工作状态。我自己也快速把3月份计划、下周计划做出来，让工作更加高效轻松。

（2018年3月3日）

◎洞见：今天已经是正月十六了，生活、工作都归位，这时该把心收回来。无论之前如何，今天都要归零重新出发，告别已往的旧模样。要不断问自己，我在新的一年里可以如何创新？我可以对工作提多少可行性建议？如何向行业高手学习？如何可持续发展？

# 5把雨伞的故事

　　这是发生在我们身边的一个真实故事。前几天同学跟我分享："有一个做雨伞的老板去参加展销会,有一个客户找了许多做雨伞的厂家都被拒绝了,原因是这个客户要打5把雨伞的样品。当他走到我朋友的摊位时,结果我朋友欣然答应,同意给客户打5种样品。后来竟然发生了意想不到的事情,正因为那个决定,现在这个客户成了他的大客户。每年这个客户的订单金额都在1000万以上,对公司做出了重大的贡献。"

　　回想自己的创业经历,很多时候嫌客户的单太少而不愿做。总想选大客户做,往往忽略了小客户也可能成为大客户。

(2018年3月5日)

　　◉洞见:5把雨伞的故事告诉我们,拒绝的不是样品而是机会,如果大家都抢着做的活,估计利润也高不到哪里去。

　　当别人拒绝的时候,也是我们创造机会的时候。这时,我们就要擦亮眼睛把握机会。所以,我们千万不能轻易说"不"。

# 鼓励的力量

精进之美

（永康市精进文化协会系列丛书）

　　今天是崇德学校四年级小朋友迎龙灯登长城的日子。许多永康市民农历十七那一天山下迎灯，号称是迎最晚的灯。没有想到，最晚的灯来自崇德学校，是一到四年级小朋友迎的龙灯。

　　孩子今年是第四次迎崇德龙了。许多环节，孩子都已经深深地记在心里。家长、孩子和老师在前面三年的合作中，积累了丰富的经验。

　　今年与往年不一样的是，学校让孩子在没有大人的帮助下，凭自己的力量撑起龙灯棒。孩子不怕辛苦，用力量战胜一切困难，终于在自己的努力下到了长城倒数第二个烽火台。小小年纪接受了一次又一次的挑战，真心点赞！

　　每年迎龙灯的日子，家长也要参加许多仪式，站在操场用心聆听，我都感到非常神圣。每一次参加都有不同的收获。真正与孩子玩得这么嗨，让彼此的心走得那么近的活动，唯有迎崇德龙一项。

　　小哥一家每年都参加迎龙灯的活动，连小哥的儿子仲博都已经迎得很溜了。感恩小哥全家对睿森迎龙灯提供的帮助和支持，谢谢你们！

　　今晚崇德灯火通明，登上长城的目标给孩子们点亮了希望，同时也点燃了孩子们创造的心灵。

（2018年3月6日）

❀洞见:每一次崇德学校的活动,林校长和老师们大胆创新,鼓励孩子们用自己的努力去实现。潜能是被挖掘的,不是被埋没的。人生就该像崇德学校那样,培养孩子们如何变得更勇敢,敢于让自己的人生无怨无悔!

# 不断尝试

昨天晚上把车子借给了别人，还没有还回来。刚好今天与别人约好早上9点谈事情，所以一早必须去把车开回来。想着是9点办事，我提前到8点钟出门，应该来得及。

可不巧的是，滴滴打车、出租车、快车、顺风车持续叫了20分钟也没有叫到。天空下着倾盆大雨，叫不到车我就开始拦业主的车，偏偏叫了7辆车都不顺路。看看时间已经8:20了，如果再不出门，我今天的计划全被打乱了。

看着"哗哗哗"下个不停的大雨，突然想到完美者理发店的洋洋曾经讲过，不方便的话她可以来送我。给她打电话，她说："我在接送孩子，你马上打给阿快，他会比我早到店里。"我马上拨通阿快的电话，他毫不犹豫地答应来接我。

时间又过去了10分钟，大雨突然停了，在保安室看到一辆电瓶车，情急之下，我就请求保安帮我送出去。保安连忙笑着答应："我老早就想送你，但不敢让你坐电瓶车。如果我送你的话早就到了。"

打了几通电话都没人接我，我一着急，坐上了电瓶车。刚开出一小段路，阿快就打来电话，说已经在我家楼下等我了。我连忙让保安带我回小区，阿快送我去开车，回店里又给我洗了头。与约好的时间只相差5

分钟,事情在计划内顺利完成。

（2018 年 3 月 7 日）

◎洞见:当事情碰到障碍的时候,有许多的办法等着你去尝试。抱怨根本解决不了问题,要完成计划就必须想方设法去解决问题。

# 深夜背诵

精

进

之

美

（永康市精进文化协会系列丛书）

  前天晚上，睿森为了背诵课文《记金华的双龙洞》，背了两个多小时都没有录好理想的视频，眼泪开始不停地往下流。马上要到睡觉时间了，我与伊伊老师沟通后，决定先让孩子睡觉，第二天再补。

  昨天一下课我就问他："背诵得怎么样了？能录下来了吗？"孩子告诉我："应该可以了，用伊伊老师的方法记，快了很多。"傍晚一回家，睿森很快背诵完前面五小段，录下了他自己觉得满意的视频。我俩才开开心心地去红灯笼面馆吃他特别想吃的面条。

  吃完回来时，我才知道原来还要继续背诵后面的第6、7、8段。我看他信心十足，看样子今天一定要把背诵视频录下来。先记再录不知道多少个来回，到了晚上九点半我过去催他睡觉。可孩子说："还没有好，我还要再背诵一会儿。"我不忍心让他下的决心完不成，可是到了夜里11点，孩子仍然没有录下他自己满意的视频。那一刻我去劝他的时候，他眼泪直流，但态度坚决，还想再坚持一下。到23:15的时候，我决定让他先睡，明天再录。睿森总算含着泪水，躺下来睡觉了。

（2018年3月9日）

❀洞见:昨晚,孩子深夜还在背诵,虽然课文已经记下来了,但是离录好背诵视频还有一段距离。课文的内容记是记住了,录视频不光要记住,还要有表情、肢体语言,就会难许多,只要一紧张就会忘了微笑,忘了词。

但是看到孩子那么晚了还在背诵,时间一分钟一分钟地过去,被他的这份坚持感动,这份力量是来自崇德学校的平时教育。

# 团结一致

今天是协会过完年后的第一次开理事会议的日子，地点放在了美丽又有文化底蕴的江南艺术馆。上午大姐与阿巍就早早去了艺术馆，把下午开会的场地布置得特别温馨，美丽的百合花盛开着，向我们表示欢迎。

会议准时在秘书长的主持下开始，今天的重点就是大家一起讨论2018年的年度计划，重点做什么，如何做得更好，需要什么活动，……一切都井然有序地进行着。

就这样，一群人为了一件事，无私无畏地付出。晚宴在秘书长的带领下，所有伙伴的情绪被调动起来了，给到场伙伴的祝福也别具一格。每个人的脸上洋溢着微笑，我很感慨！与这群写日精进的人在一起，散发的能量就是不一样！

感谢新如姐和阿巍的用心付出，以及所有理事成员的大力支持。

（2018 年 3 月 11 日）

◉洞见：一个团队只有团结一致，做事才更容易。一群人，一件事，一辈子，总能创造无限奇迹。精进文化协会在大家的努力下，定能精彩不断。

# 开心的人

今天在赖姐家喝茶，几个朋友都聊到了姚总的开心和乐观。姚总是个非常美丽又有气质的女人，画得一手好画，唱得一口好歌。她为了让自己的女朋友把一首歌唱好，一个字一个字地教，一直教到这个女朋友把这首歌唱得优美动人。

她还与我们开玩笑说："叫女朋友去唱歌的时候，如果有客人在，就唱我教的那首歌，唱别的歌肯定会露出马脚。"到现在，姚总的这个女朋友只要唱姚总教过的这首歌，许多朋友都表扬她唱得好听极了。

为了能让朋友学会唱一首歌，姚总足足教了一个月，教别人比自己学不知道要难上多少倍。能够为别人去这么做的人是最可爱的。

（2018年3月12日）

◎洞见：只要朋友提到多才多艺的姚总，大家都乐开了花。如果一个人身边的许多朋友，在私下聊起她的时候，都称赞她生活里是个开心果，活得非常开心，那说明她真的是一个开心的人，所以，朋友也乐意待在她的身边。而我总是给身边的人带来压力，今后我要向姚总学习如何让自己更开心！

# 丢东西不丢心

今天早上发现化妆包找不到了，楼上楼下跑了好几次，平时放的地方找遍了都找不到。7点钟就打美容师电话，问昨天是不是落在那里了，她回复说："没有，昨天我给你拿过去了。"我不容置疑地说道："家里没有的话，应该就在你那里。"美容师又帮我去找，结果还是没有找到，我失望了好一会儿。

我像丢了魂一样，打电话给阿姨。阿姨说："我看到过，一定在家里的。"听阿姨这么一说，送完孩子我专门跑回家找，但是仍然不见化妆包的踪影，就像人间蒸发了一样。

晚上回到家，我心里依旧不甘心。既然阿姨看到过化妆包，那肯定是在家里的。我又继续楼上楼下地搜寻一遍，甚至连保险箱也打开找了，平时会放的地方都一一找遍。找累了，我到客厅沙发上躺了一会儿。与睿森讲话的时候，在沙发的靠背下发现了化妆包，上面压着一本书，只露了一点点红色。终于找到了，我的化妆包！女人如果没有化妆品会疯的。事后觉得当时自己很好笑。

（2018年3月14日）

◉洞见:许多时候讲话一定要留有余地,委婉一点给自己留后路。

在找包的过程当中,我努力控制自己的情绪,虽然当时没有找到,但是很快让自己平静下来。如果与美容师讲话委婉些,那就更好了,丢东西也不能把自己的心给丢了。

# 贷款难

  由于贷款业务需要重新批贷，这次批贷的过程让我体验到了万分艰难。正如李白在《行路难（其一）》中写道："欲渡黄河冰塞川，将登太行雪满山。"以前不用几天就可以批下来的业务，现在被设置了三道关卡。永康先把关，金华再设置一个关卡，超过200万元的业务要到杭州批。

  每过一关就要补资料，连信用卡3个月内的记录都要查看明细：如何消费，用途是什么……单身证明以前一纸证明就行，现在还要打电话了解情况以及为何还单身。还有房产证的最后一页不清晰，需要重新发过去。许多烦琐的细节，会让你补资料补到不胜其烦，批贷时间长就更不用说了。

  10年前我听到最多的是，银行的钱不用白不用，没有贷款的老总都是傻瓜。要用银行的钱做资本放大投资，才是有效利用资源。可是回过头想想，天下没有免费的午餐，欠债不还，寸步难行！

（2018年3月20日）

  ◎洞见：因为前几年企业破产的太多了，导致信用失衡，造成银行巨大的损失。通过这次重新批贷，银行告诉我们2018年贷款是越来越难了。审核越来越严格，不放弃任何一个细节。

换个角度来看,银行的严格就是对我们的大爱。什么事该做什么事不该做,我们有多少能力就做多少事。超出能力范围的必定会让我们栽跟头。戒律是保护我们最好的武器! 珍惜资源,合理使用,把风险降到最低!

# 终于有答案了

今天下午巩编辑给我发来信息：姐姐，今天和王老师沟通了一下，问题不大，书可以出版，我可以做目录了。看到出版社编辑的回复，我心中的一块石头终于落了地。

出书的资料已经整理快半年，刚好巩编辑生孩子，时间往后拖了一两个月。在她的努力下，现在终于又看到了曙光。好事多磨。这几天与出版社的沟通比较顺利，书名、内容等一系列问题得到了快速解决。

在林校长的帮助下，我们有4个书名可以选择。理事会上最终表决通过了《一群精进人的答卷》。这个书名比较符合我们这群精进人的精神面貌和内心无比喜悦的心情。刚好习主席也在提"答卷"这两个字。一群草根走在一起，成了精进人，给自己交上漫漫精进人生路的答卷，同时给社会也交上满意的答卷。

让这份正能量用文字传递到社会的各个角落，用爱温暖人间。

（2018年3月22日）

◎洞见：说心里话，当时我们决定要出书，许多力量是王教授给予的，出版社也是他对接的。协会会员文化水平参差不齐，出版谈何容易，今天终于有了答案。最应该感谢的是所有会员和收集编辑的小组，还有王教授、王主任、林校长、文英姐、巩编辑等全力以赴，才换来今天的成果。

精进文化的历史，将会记下这最重要的一刻。我们是创造者，精进一生，践行一生！

# 数据化管理

今天上午,马总带着他的伙伴走进了彩帝公司,来学习数据化管理、如何日经营等。郎总在我办公室看到马总他们到来,马上出去迎接,随时解答关于6S、9000质量标准、风险管控管理的问题。财务徐会计对于数据管理也是熟门熟路,所有的表单经过一天天重复使用,已经特别熟练了。

日经营指的是所有的数据、每个部门每天相关工作都要进行汇总和分析。全公司的工作在次日8点开早会前都要总结出来,一看数据就能发现问题。想要实现日经营必须要有决心,彩帝公司七年如一日,日日如此,已经形成良好的习惯了。

只要一听我们公司工作做得如此细心,许多人会糊涂,一下子觉得没有了方向。所以我今天建议马总和他的伙伴,把每个部门需要做的报表,先讨论设计出来,把各部门最重要的数据整理出来,分轻重缓急,稳步推进。

（2018年3月23日）

◎ 洞见:数据化管理是个大工程,如何完善需要从根本上解决。找出源头,问题出在哪里就从哪里攻克,越落地越有效。

# 孩子的玩法

　　3月24日那天我去参加企联会的年会,阿姨虽然没在家,但是家里热闹得像过年。睿森与柳圣在前几天就约好星期六来我家玩,到了下午,他马上给仲博打电话约好时间。

　　中途我不放心,打电话去嘱咐儿子睿森:"小宝不要去玩水玩火,小朋友要互相照顾。"等到吃晚饭的时候,小嫂给我打电话:"家里有4个小孩子了,晚饭怎么办?"我心里想又有哪个小朋友来家里了,反正开会走不了,就让孩子们玩得尽兴些吧!后来才知道雨瑞也来了,骑自行车、玩游戏……孩子们自己做主。

　　晚上还没等我回家,孩子电话那头兴冲冲地告诉我:"柳圣、仲博都不回家,要住在我家,明天早上我去上课,他们再回去。"等我回到家,孩子们正在充电器旁玩,挺和谐的。到睡觉的时间,睿森和仲博还要洗澡,这也是他们平时的约定。虽然不在浴缸洗,但是也能玩出不少乐趣。柳圣虽然没洗,但就在门口看他俩边一洗,一边尖叫声不断。3个熊孩子在一起喊叫,那声音绝对在小区门口都可以听到。

　　第二天早上,胡向前的弟弟看到我们家出来3个小朋友,笑呵呵地问道:"你家怎么有这么多小朋友?"我连忙说:"我家儿子只要有小朋友来玩,都留他们睡在家里。"邻居马上接过去:"你家孩子像你,家里经常有

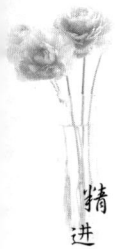

这么多朋友来做客。"此话有理！

（2018年3月26日）

◎洞见：睿森只要是星期六、星期天，总是想尽办法约更多的小朋友来家里玩。小朋友来了，睿森基本上留宿，3个孩子挤一张床。一起洗澡、玩水、骑单车、打篮球、玩游戏，就是他们的玩法。开心就好，祝福孩子们都拥有一个天真、快乐、幸福的童年。

精进之美

（永康市精进文化协会系列丛书）

第四辑

四月

April 4

日 一 二 三 四 五 六

1 2 3 4 5 6 7
8 9 10 11 12 13 14
15 16 17 18 19 20 21
22 23 24 25 26 27 28
29 30

# 成功感召法律顾问

去年在我们要成立精进文化协会的时候,秘书长就告诉我,他要感召一位律师来当协会法律顾问,同时还要让律师进来写日精进。去年在成立大会上,刚好郎律师有事,没有参加会议,于是就错过了机会。

今天在秘书长的感召下,郎律师在协会办公室与我们相聚。31岁的郎律师挺有亲和力的,平常非常喜欢做公益活动,同时也是一个协会分部的秘书长。没想到,郎律师很是羡慕秘书长每天发朋友圈的日精进,记录者非常真实地把自己生活、工作中遇到的点滴记录下来。上次错过了机会,他表示这次一定要把握住机会,给自己留下一些美好的回忆。

郎律师非常愉快地答应协会做公益的法律顾问,他来之前就把我们的提问和需要帮助的内容一一记下来。回去还要给我们做计划方案,让专职人员给他发协会相关资料,以便更清楚地了解协会,更好地开展与法律相关的所有工作。

秘书长还邀请我们一起去用餐,以祝贺郎律师加入精进文化团队,并成为顾问。

(2018 年 4 月 1 日)

◉洞见：秘书长从去年开始就感召郎律师，直到今天才成功，这个过程有些漫长，但是秘书长从未放弃。被感召的郎律师，是被秘书长朋友圈1400多篇的日精进深深吸引进来的。

郎律师有双重身份，一是法律顾问，二是精进文化协会会员，意味着他比别人的付出要多得多，先付出不要想结果，得到的远远超乎你想要的。

# 护蛋行动

今天是儿子第四次参加学校的护蛋行动。步行几个小时，山途遥远，路上艰险，还要保护好两个很容易破碎的鸡蛋。

第一次是一年级的时候，在护蛋行动中没有经验，没有给鸡蛋加强保护，中途就破碎了。那会儿，孩子的脸一下子就失落得快要哭了，连我都觉得遗憾。

第二次、第三次就有了经验，给鸡蛋加了多层保护，装在盒子里，还要放许多塑料膜防止破碎。虽然很累，但是孩子看着两个没有碎的蛋，脸上总是喜洋洋的。

今天一早，孩子还是不放心鸡蛋的保护措施，自己又动手加上许多膜。看他做事情从未有过的严谨，还提醒爸爸别忘了，几点钟必须到学校集合，这让我欣慰不已。

看来，这个活动对他来说特别重要。在3月30日的日精进里，孩子写道：今天我们开启了护蛋行动，我们需要保护两个脆弱的鸡蛋，任务重大。这次行动是我们独立完成的，所以要特别小心。

（2018年4月4日）

洞见：护蛋行动，其实就是教育孩子如何保护生命，同时让孩子明白做父母的不易与艰辛。学校开启每一段新的旅程，其实就是教育孩子要勇敢，跨过一座座的山。走好每一步，才能稳扎稳打。辛苦了学校所有的老师、家长、孩子们，一次次的创造就是见证奇迹的时候，世界因你们而不一样。

# 清　明

今天是清明节,也是我们全家人去给已故的亲人扫墓的日子。一早在洗车行的时候,我问孩子:"儿子,有没有想外婆?外婆已经离开我们两年多了,妈妈今天特别想外婆。"话一说出口,眼睛忍不住红起来,紧随着眼泪就哗哗地流下来。

妹妹她们一早就把扫墓用的物资送到山上,还特地把爸爸从医院接回来,上山一起为逝去的妈妈扫墓。

小哥接我们一起向目的地出发,孩子在车上玩闹,不让他玩游戏就唱歌,吵得我想眯一会儿也不行。儿子刚刚被他爸没收手机,很不开心,过一会儿就雨过天晴,像什么事情都没发生过一样。

很快就来到了山脚下,去年我因为脚有点毛病没有上山给妈扫墓。今年心里有着迫切的心情,一到墓前我就念叨:"妈妈,你还好吗?虽然阴阳相隔,希望妈妈在天堂过好,不要想家里人,我们都很好!"

从山脚下到妈妈的坟墓,需要爬好久的路,也特别难走。每走一段路我就气喘吁吁,小嫂还不断对我说:"东西我来拿。"一路上,左右两边都是一座座坟墓,如果不是家里人的坟墓在上面,我也许不会来这里。

全家族几十个人都到场。妈妈的坟墓气派非凡,映入了我们的眼帘。早到的家人已经把扫墓用的东西,该挂的挂、该摆的摆、该扫的扫,一切准备就绪。在大哥的带领下进行了所有的仪式,最后烧纸钱给妈妈

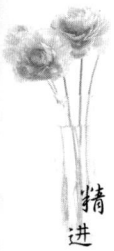

表达最深的祝福。一丝丝的青烟,化为所有亲人对她的思念。爸爸的哭泣是对妈妈有太多太多的不舍,吵吵闹闹一辈子,还是放不下。

（2018 年 4 月 5 日）

  🌀洞见:今天的清明节,让我更加明白扫墓是在为自己扫。当自己活得很烦恼的时候,来墓地走走,不久的将来坟墓就是你的归处。你想要的都带不走,舍与不舍最终都得舍。

# 终于出发了

今天是永康精进文化协会赴泰国清迈游学的日子。本次泰国游学的筹备组织历经半年时间，在旅游部、秘书处和办公室成员的努力下，最后大家达成了一致。

16名出游的理事和会员，下午1点准时到达集合点，上车那一刻看到了一个个熟悉的面孔，这样真好。芳妹贴心地问我："你的大箱子呢？这次行李咋这么少？"彼此都已经很熟悉对方的习惯了。

想到去美国时哥哥给我拿大箱子的情景，箱子重得连哥也搬不动。吸取了上次教训，今天早上4点半就起来收拾行李，能不带的东西尽量不带，这真是难为我这个爱美的人了。

一路上导游给我们介绍，他也是永康人，以前去泰国旅游都是去曼谷—芭堤雅这条路线。他也第一次去清迈，特别期待这次的旅程！

坐车途中，在大姐的主持下，每个人分享了日精进是什么，给自己带来了什么。每个人都很用心，结合自己的生活、工作用故事分享出来，让精进的精神传遍每个角落。

（2018年4月7日）

洞见：缘分让我们走在了一起，边玩边学，共同开启心灵的升华之旅。

出发去泰国游学，需要我们用空杯的心态，它打开了我们心灵的窗户。相信这几天的旅途，能够让我们增长见识，共同成长！

# 清迈游学

　　到清迈已经是晚上了,匆匆忙忙吃了夜宵就歇息了。今天早上起来吃完早餐,所有精进的家人准时到大堂集合。

　　很快,我们就来到了第一站兰花苑。门口摆着许多兰花种子。我们的兰花是种在花盆里,而清迈的兰花就挂在那里自然生长。在伙伴的建议下,我们拍摄了集体照。

　　来清迈我最想尝试的就是骑大象,第二站就如愿以偿了。几千斤重的大象,一天能吃几百千克的食物。大象看起来是个庞然大物,带给我们的表演却生动有趣。看到有人进去和大象合影,我也马上加入。一进去先给大象20泰铢,大象马上用鼻子接过泰铢交给象夫,两头大象鼻子拉着鼻子,示意我坐上去。当我碰到大象皮肤的时候,心里有些害怕,但是一旦坐上去,恐惧的心理就没有了。大象用它们的鼻子托起我们,因为我们是友善的,所以它们对我们也没有敌意。

　　大象与我们拍完照,表演的时间马上就到。许多大象鱼贯而入,大象也有表演仪式,它们先升国旗,再开始表演。今天总算让我彻底认识了大象,它们竟然还有这么多的技能,画画、踢足球、吹口琴、给人按摩等,样样表演都赢得了人们的掌声。宜敏还告诉我,别看大象身体庞大,其实只有7岁儿童的智商。

　　看完表演,我心里特别激动,时间到了马上就要去骑大象。两人一

组，我们在象夫的帮助下，终于体验到了骑大象的滋味。穿过大河，走进崎岖不平的山路，在伙伴们一声声的尖叫和恐惧中，绕了一圈，我们又回到了非常刺激的穿越大河项目。最刺激的就是，伙伴们叫象夫指引大象给我们喷水，会讲中文的象夫给我们增加了许多乐趣。后来有三队小伙伴加入了喷水的队伍，我们在此留下了笑声一片。

（2018年4月8日）

🏵洞见：清迈的兰花是我见过的最美丽的花，一辈子都不会忘记。大象让我懂得了许多，其实大象也是通人性的。许多事情它也会做，还特别忠于主人。主人在象背上给它暗号，大象就能听懂指令，配合得非常默契。

旁观者只有旁观者的感受，如果进入清迈不去体验，很难有真实的感受，只有体验才能发掘其中的奥妙。

# 清迈佛塔寺庙

来清迈之前，小哥比我早一个星期来过，他曾与我分享："清迈的寺庙特别多，隔几幢房子就有座寺庙。"昨晚出去吃饭的时候，我与小嫂特别留意了一下，的确如此，隔几幢房子就有佛塔和寺庙。

昨天第二站导游就带着我们往双龙寺的方向前进，安排我们去坐红色的四轮卡，很像我们以前的三轮卡。这种车可以坐10个人。许久没有坐这种车，怀旧一下也是挺好的。一路上山路颠簸，有的同行者晕车了，有的谈笑风生，有的精气神特别好，有的偷偷拍照片。

到了双龙寺，坐上电梯到了佛塔双龙寺庙。全白玉的佛像在我们眼前显现，我双手合十献上我最敬畏的诚心。随着导游的指引我们来到了佛诞树下面，佛陀就是在这棵树下面出生的，所以叫佛诞树。4月12日至4月14日是泰国的传统泼水节，会有许多当地的人们去做功德，进山朝拜。

双龙寺这几天已经安排好了泼水节，如果想要进山朝拜，每人可以带一桶沙倒进准备好的桶里，过完泼水节就把所有的沙子拿去造寺庙。这样让大家都有机会去布施，而不是光有钱人做功德，穷人只要有心也可以积累功德。

马上要进佛塔观看，在外面已经被金碧辉煌的外观设计所吸引。想要进去观看，每个人都必须脱掉鞋子和袜子。另外，专门有人提醒穿短

裤、短裙者不能进，需要穿上寺庙准备的服饰才能进去。

赤脚一进双龙寺，金光灿灿的佛像竖立在你眼前，地上也是金光闪闪的。这里有释迦牟尼佛的舍利子，让我们更加崇拜这个神圣的地方。可以拍照，但是我们没有，而是非常诚心地双手合十转了三圈。我们好比被黄金照耀着全身，显得更加尊贵，殊胜的道场让人愉悦。

整个双龙寺虽然没有香、纸、蜡烛，但是又显得如此平和而不失神圣，顿时肃然起敬。出来以后我们在寺庙绕了一圈，去观景平台看了清迈的全景，在脑海里留下影像，最后大家在寺庙前合影留念。

本来我们可以坐电梯下去，可是我们选择了走楼梯，因为有200多个台阶的两侧有两条长龙静卧，气势磅礴。我们在秘书长的建议下，在两条龙旁边合影留念，结束了双龙寺对我们心灵的洗礼。

（2018年4月9日）

◉洞见：清迈市内有佛塔和寺庙近百座，而且建筑物都非常的有艺术感，同时保留了大量的文化遗迹，保准你大开眼界，真不愧"佛塔寺庙之城"的美名。

清迈所有的市民都非常虔诚，一见面都是双手合十，泰国是一个有信仰的国家。虽然很穷，但是他们的内心比我们富有。清迈是名副其实的佛教圣地。

# 游泰国清莱白庙

今天早上6点50分准时出发，大巴载着我们去清莱的白庙、黑庙游玩。因为有小哥的强烈推荐，我坚信白庙、黑庙必有一游的价值。

起初听到白庙、黑庙，心里有些犯嘀咕，白黑这两个字平时我比较忌讳。将近3个小时的车程后，我们来到了白庙。

前两天参观泰国的寺庙大多是金碧辉煌、金光闪闪的；而今天的白庙主色调为白色，在阳光的照射下，闪着耀眼的光芒。难怪导游说："去白庙最好是上午12点钟之前，如果下午去没有阳光的照射，效果就会差很多。"果真如此，大家第一眼看到就不禁赞叹："好美啊！就像一件美丽的艺术品。"

导游介绍，泰国清莱灵光寺（即白庙）建于1998年，由泰国著名建筑师（原为画家）Chalermchai Kositpipat设计建造，建庙资金来自他20年的积蓄，以及有心人的捐献。Chalermchai Kositpipat曾经几次修改图纸，工程做得特别慢。小时候他就梦想长大要当设计师，由于父亲的反对，他只能跑到寺庙里去学习佛法。也正因为他对佛祖的忠诚，还有对建筑设计的执着，建造了这么一个与众不同的寺庙。这座寺庙之所以用白色作为主色调，是因为白色代表了纯洁，闪闪发光的玻璃片是智慧的象征。平生第一次接触白色寺庙，但是它的出现让我终生难忘。

我们被眼前的建筑物震撼到了极点，不断地问导游，连出家人的住

宿都可以达到国际七星级的标准,我们什么时候进去体验？导游带着我们往前走。

最先进入我们眼帘的是地狱奈何桥,就是六界里面的地狱界。有千百只手在挥动着想爬上来,有许多手已经无力地垂着,有呼喊的声音,看到这样的情景,真有点惨不忍睹。吴老师在授课中无数次提到此场景,今天我深深领悟。这是地狱里堕落的灵魂在等待救赎,也告诫世人要行善、积德,多做好事,来世才不会入恐怖的地狱!

祈愿井里,很多人都会投下一枚硬币。再往前面走,马上脱掉鞋子走进了人间、天堂,释迦牟尼佛还有其他佛显现在眼前,这里所有的一切都与其他寺庙不同,艺术感特别强,禁止拍照。

一步步朝前走我没有回头,马上来到了招财佛前。佛在榕树下稳稳地坐着,用祥和的笑容面对众生。我非常虔诚地跪下来三拜,看到可以献花,马上买了花,花里有小小的蜡烛和香,特别环保且不浪费,真好。

在不远处可以看到好几棵许愿树,很多人在这里许下心愿,祝福自己和家人。当挂不上去的时候,就会把许愿树的叶片转移到评愿亭里。与其他寺庙不同,这里的许愿牌仿佛是开启人生的钥匙,密密地挂在一起,非常耀眼,既庄重又壮观。后面一大长廊都是许愿牌,保存得很好,这也是对许愿者最大的尊重。

游玩了将近一个小时,最后我们去体验泰国白庙的洗手间,外观精美绝伦,超有艺术范,里面华丽无比。

马上要离开了,我们看了画家的许多画。第一次接触泰国画家的画,感觉与中国的画很不一样。

（2018年4月10日）

⊛洞见:艺术无止境,艺术无国界,这样的艺术以前未曾见过,我们打开了视野,豁然开朗。

# 游泰国清莱黑庙

昨天的游览中只写了白庙,还没有来得及写黑庙,心中有许多的疑惑。黑、白庙之间的距离很近,光清莱一个地方就有两个如此充满艺术感的具有代表性的建筑物。丹爷昨晚上还告诉我,黑庙的主人是白庙主人的师父,师徒两人都是这个世界上的传奇人物。

当导游带着我们来到黑庙的时候,我的眼睛被眼前的建筑物刺到了。马上问导游这是什么材料做的,原来是柚木。黑庙是由泰国鬼才艺术家Thawan Duchanee花费了36年时间设计并建造,而且黑庙不是我们想象中的寺庙,而是私人博物馆。非常遗憾的是,泰国鬼才在3年前去世了,他的儿子在国外,没有接管父亲的产业,以前参观黑庙要经过主人的同意才能进来。在Thawan Duchanee去世后,艺术家的骨灰盒也存放在了博物馆里,这里才对外开放。

Thawan Duchanee的后代特别有智慧,把艺术家的骨灰盒放在一个很高的架子上面,架子上面还放了一个佛脸,很奇怪的是佛脸是倒立的。原来,当时艺术家的地位就像佛祖在人们心中的位置,对他无比尊重,但是又不能让艺术家的位置超过佛祖,所以把佛脸给倒过来了,这样能压住放骨灰盒的架子。

艺术家生前养了两条大蟒蛇,蟒蛇的生性是出来吃就要吃个饱,吃饱了回去就自己安安静静地待着。艺术家本人的性格也是如此,心情愉

悦的时候就出去和朋友聚聚,大部分时间在家里静静地创作。因为他的专注、执着、用心,深深地影响了身边许多的藏友,大家纷纷把手中的玩物及藏品,送到他这里来。

黑庙博物馆以黑色为主,建筑人物、艺术品、展品等都以黑色为基调,所以又称为"黑屋"。柚木也是泰国最名贵的木材,永久不会腐烂。里面有大量的牛角、蟒蛇皮、鳄鱼皮,有大量关于死亡、地狱的展品,还有把远古时代的兽骨、原始民族的猎杀工具、古董和标本等,用现代艺术手法融合而成各种艺术品。连家具都是柚木的,非常稳重,沙发上的毛皮都有着岁月的沧桑。除了主楼,边上还有十几栋大小不一的以各种牛角装饰的建筑,主屋有三四层,其他的都比较低矮。

不管黑庙还是白庙,都有一道美丽的风景线:有许多出家的小喇嘛在这里参观学习。

(2018年4月11日)

◎ 洞见:黑庙的主人 Thawan Duchanee 艺术家,他一生精通佛法,点化了无数人。在许多国家的艺术墙里,都有他的杰作。

黑、白庙是典型的艺术品,好比正反面教材,好比地狱与天堂,不好与好,恨与爱,仁者见仁,智者见智。

# 结束泰国旅游

　　五天的时间很快就过去,大家在一起的日子总是过得特别快。昨天早上大家整理好行李,大包小包里藏了许多礼物。

　　在去机场的途中,我们拜了四面佛——四张脸、八只手、一只脚的四面佛,生平第一次见到。在专职人员的引导下,先把要供的花拿在手上,再点香拜三拜,一个面部先拜三拜,再插三支香。代表平安、事业、婚姻、财运的四个面部全拜完后,再把手上的花放在你想求的那一面。

　　拜完后车子把我们送往机场,在飞机上新如姐让大家学会了讲百合花的故事。秘书长时刻感召人员写日精进,伙伴们一起同心协力感召,可想而知力量无穷啊!长达四个小时的飞行,有了伙伴的陪伴,很快飞机就降落了。

　　昨天在小曼和阿巍的共同努力下,开通了关于旅游的第二个公众号。把每到一处的美丽瞬间、点点滴滴都记录下来,传递出去,影响他人。

(2018年4月12日)

　　◎洞见:这么多天我们一起游玩、一起吃喝、一起祝福、一起学习、一起写旅游日精进、一起同时转发朋友圈刷屏。每一个"一起"都让我们增进了感情,让我们的友谊天长地久。

# 读后感

　　这几天,吴铭峰老师在光耀文化公众号上每天发送一篇文章。许多文章来自吴铭峰老师的讲授,无比珍贵。吴老师知道许多学员上课的时候,学得认真有效,回去后却一动也不动,很快打回原形。为了能够让更多的学员获得持续学习的力量,吴老师每天用他非常宝贵的时间写一篇文章推送到公众号。

　　昨天在伟大企业的课堂上,讲了中国正在创建新的国际性的金融机构。我们必须学习历史来了解现在。回顾历史,我们看看美国做了哪三点,使其可以掌控世界货币体系。

　　第一点,美元与黄金挂钩。全世界做生意的人都可以把美元换成黄金,全世界的黄金都存放在了纽约。

　　第二点,美国知道战后重建是需要石油的。

　　第三点,也是极其重要的,是马歇尔计划,又称为欧洲复兴计划。这个计划当时有130亿美元,相当于今天的1300亿美元。这个数字相当惊人。

　　美国做了这三点,让全世界的人都可以用美元去换黄金、石油,而且当时战后重建黄金、石油是必不可少的东西,有效的资源都在美国手上。另外,美国主动帮助其他国家重建,受帮助的国家,哪有不报恩的,死心塌地地跟随啊! 对于我这样不大关注国家大事的人来讲,能够在课堂上有了解就已经很自豪了。而今天吴老师把这么重要的内容写进文章发布出来，以便我们好好学习。

不精通行业领域，同行只知道互相厮杀，见了是冤家。很多企业没有帮助到同行，有好点子自己用，也不愿意分享，创新就更不用说了，发展难上加难。

（2018年4月13日）

◎洞见：国与国之间，企业与企业之间，家与家之间，都需要用智慧经营，用智慧去创新，没有创新就没有未来，因为老方法总有一天会被淘汰。要拥有每一天都能创新的思维，才能主导你人生的方向。

吴铭峰老师建议我们，每天诵读公众号上的文篇后，再写读后感，每天持续不断地巩固。文章的核心，只要我们用心慢慢体会，做到反省改进，做到持之以恒，相信创新之路会为我们打开。

# 黑夜里的星星

　　昨天在敬业寺听课，吴老师的讲授每次都有创新，幽默风趣，比喻恰当，总能让我们记忆犹新。今天早上，当我看到吴老师的文章《金刚不是猩猩，是星星》的时候，又把昨天的课程复习了一遍。

　　看完文章回顾自己的过往，故事的内容就像是给我设计的一样。在我的世界里，有多少猩猩独立于我而存在，认为我对面存在的一切不会改变，相互指责和埋怨。

　　过往的婚姻里，总会为一些鸡毛蒜皮的小事起争执。以前我告知对方今天身体不舒服，对方信息回过来，似乎没有真正关心的语句。那一刻烦恼心立即升起，心里就像是热锅上的蚂蚁，不断地爬，爬到火气上来，让对方也不开心。

　　孩子玩iPad游戏，还把iPad给弄坏了。他还老丢东西，一次两次三次可以，不停地丢就会把我的底线给击垮，然后情绪控制不住，就像山洪暴发。

　　当我付出许多，得不到认可还被误解时，心里就会特别委屈。每到这时，烦恼迅速诞生。

　　太多太多的烦恼都来自我自己：傲慢、自私自利、分辩心、以我为中心、控制、界线等，它们束缚着我难以向光明前行。

（2018年4月15日）

◎洞见:蓦然回首,过往的人生,烦恼多得数不胜数,快乐少得可怜,总是叹息人生意义何在。

走着走着便忘了初心,当初做什么都是那么纯粹。走着走着就原形毕露,脾气上来九头牛也拉不回来,导致重蹈覆辙。光换显示屏,不换底片对剧本有何用。只有从根本上解决问题,才能脱胎换骨。

烦恼好比黑夜里的满天星星。当第二天太阳升起的时候,用光芒照亮万事万物,终结黑夜。改变不了的东西是"金刚",星星代表烦恼,太阳代表智慧。只要我们在生活工作中升起心中的太阳,无论走到哪里,都见不到黑夜里的满天繁星——烦恼。

# 理事会走出国门

柳丹在本次泰国游中举行了第九次理事会议,她用最坚定的信念告诉我们:"理事会就放在泰国举办,是完全没有问题的。"

4月9日晚上,导游给我们安排了清迈最好吃的中国餐,菜品的量也特别多。因为柳丹回酒店拿开会的相关资料,所以秘书长代替她点菜,那点菜的水平,让许多人都无法挑刺。

出酒店之前去过水果市场,大家狼吞虎咽地吃了许多水果,所以到了吃饭的地方,大家都不怎么饿。看看面前色香味俱全的中国菜吃不了,感觉可惜。在几个男同胞的建议下,想要完成光盘行动。于是就用转盘转,转到谁就让谁吃。当每个菜转到大家面前的时候,有唱歌的、有尖叫的、有念诗的,笑声一片,不吃掉也不行。这也许是,我们这么多年在一起吃饭最开心的一次。

理事会在所有理事的共同努力下,高效完成了所有的会议流程。理事们对工作的大力支持,任劳任怨,献谋献策,总能为协会的发展做出自己应有的贡献。

（2018年4月16日）

◉洞见:每一次理事会议,都是为了能够有效沟通,更好地开展工作。理事会议是理事成员轮流负责的,我们从来不花协会的一分钱,都是各自掏钱举办。感谢柳丹的用心安排,理事会得以走出国门。

# 聚　心

　　昨天所有的理事成员和本次去泰国旅游的伙伴相聚在永康宾馆红掌厅。两个原因让我们走在了一起：一是陈涛、翁常金每日15000步30天的打卡，挑战成功，当时答应约定时间为他们的战果给予祝贺；二是泰国游已经告一段落，回国后，我们畅谈游学给我们带来的收获。

　　一天15000步，30天风雨无阻，两个伙伴经常到晚上11点多了还在跑。下雨天穿着冲锋衣，哪怕开展会也要完成。如果别的活动邀请他们参加，他们也会拒绝，承诺必须先做到。在他们身上，我们看到了绝不放弃，目标坚定，说到做到，他们是激发我们运动的榜样。

　　运动队的成立，起初是为了完成每天的运动任务。有些伙伴，公司开完会已经很晚了，还带着员工一起去跑步。昨晚四个伙伴吃完晚饭，说来我家品尝西湖龙井古树茶，看着步数还没有到，边谈论，边走路。

　　泰国游在任氏家族的引领下，高潮迭起。秘书长正式命名任志革为正团长，任飞进、李斐为副团长。大姐的百合花故事，无论是飞机上还是车上，伙伴们说起来都是头头是道，笑声不断。在秘书长激情澎湃的感召下，退出的两名伙伴重新加入。

（2018年4月17日）

　　◎洞见：我们一群精进人，用包容心凝聚在一起，真心共患难，相互携手往前走。此生一起走，了无遗憾。感恩遇见，人生走向光明。

# 换位思考

4天的学习,对吴老师的讲授感慨万千。在课堂上听的是理论,回来后就要实践操作。如果回去后一动不动,就印证了许多老师说的,"学的时候兴致勃勃,回去不落地,听得入神,回去无门。"

回家的第二天早上,与两个伙伴约好要去拜访一个客户。头天晚上说好早上9点钟出发,我与B伙伴只能在那里等,到了9点36分A伙伴才来。曾经有一次与A伙伴约好时间见面,结果等了一个小时都没有来。我与A伙伴吵起来,非常不理解A伙伴,不守承诺,迟到了还不道歉,闹得一起去的人不开心。

那天我刚好在理发店洗头,顺便等A伙伴的到来,洋洋提醒:"等人的时候是最着急的,已经等了快半个小时了。"我本来是很急的一个人,但是那天我只能去化解。之前因为A伙伴不守时生气了很多次,结果还是没能让他守时。

我马上告诉洋洋:"接受吧!一切都是最好的经历,每一次的旅程都是为我的人生铺垫的。抗拒会让我产生无穷无尽的烦恼,今天A伙伴的迟到,正因为我自己以前在有些场合也迟到过,所以我才能看到A伙伴的迟到。还要感谢A伙伴,提前帮我改掉了不守时的毛病。"

那天上车,A伙伴见我拿了一束花放在地上,他觉得不应该把花放在地上,于是用眼睛瞪了我一下。那一刻,我差点发火,但是我马上想到,

在有些场合当意见不统一的时候，我也会马上把脸拉下来，给人阴森森的感觉，这很可怕。

今天，我学会了换位思考。

（2018年4月18日）

◉洞见：在我们的世界里，会有许多事情发生，但是我们要学会理解与包容，不要被所发生的现象给蒙蔽了。

播下利他的种子，用爱将众生托起，将会获得新的种子，迎来新的旅程，就会自动自发地产生善的力量。

精进之美

（永康市精进文化协会系列丛书）

# 观看《寻梦环游记》

从西安回来,乐茜一个个电话打来,叫我一定要看一下《寻梦环游记》。在乐茜一次次催促下,17日晚上与孩子一起看了这部电影。

影片仿佛是《大鱼海棠》的兄弟篇,画面缤纷多彩,美到极致。霎时,我睡意全无。

故事特别感人,墨西哥小男孩米格,特别喜欢吉他和音乐。但是,他的家族有个不成文的家规:不准做跟音乐沾边的事情!因为他曾曾祖父为了音乐,抛弃了全家人,再也没有回来。孩子想学那就更不可能了,他曾曾祖母迫于压力,就开始学做鞋子把女儿养大,从那以后一家人只做鞋子的事业。

奶奶把小男孩自己偷偷做的吉他摔坏后,小男孩为了实现自己音乐的梦想,不顾一切与家里人闹翻了。他跑出去,没有吉他,于是想到了在纪念堂里有一把吉他,去偷的时候不小心走进了亡灵世界,遇见了他的祖先,才发现亡灵世界的生活,原来是如此的缤纷多彩。只要在那待几天,如果你在世的家人家里供着你的相片,就可以穿过花桥,走进那个立体的未来世界。

曾曾祖母在亡灵世界里,也不希望小男孩学音乐。如果得不到家人的祝福,他就回不到人间。小男孩还是坚持自己的梦想,跑去找他的曾曾祖父,给他祝福,结果在途中遇到了一个没有亲人为自己去祭拜的亡

灵埃克托,他希望小男孩能把他的照片带给他的女儿,好使他不被人遗忘而永久消失。

这个过程让小男孩发现了他家族的秘密,他的偶像歌神原来不是他的曾曾祖父,而是在路上遇见的亡灵埃克托。歌神唱的歌全部是埃克托写的,当年为了出名,歌神不惜一切把埃克托给杀害了,导致小男孩的曾曾祖父回不来了。

小男孩的曾曾祖母知道事情的真相后,原谅了曾曾祖父,喜极而泣的两个人拥抱在一起。在曾曾祖母带着的神兽帮助下,才把小男孩和曾曾祖父从歌神那里解救回来。

回来后,小男孩给祖奶奶唱起他爸爸以前经常给祖奶奶唱的歌《请别忘记我》,唱着唱着,把老年痴呆的祖奶奶从记忆中唤醒了,从此家里人就不再反对小男孩学音乐。

（2018年4月21日）

◉洞见:小男孩米格为了坚持自己的梦想,为了跟随自己的心,遇到了各种困难,他不断告诉自己,我还有我的吉他。

人间多少故事,自己都没有弄明白,就把仇恨带给了后人。理解和包容难以做到,死了还不原谅。这个故事告诉我们,去世的亲人与活着的人都要和解。真正的死亡不是肉体的死亡,而是被人遗忘,真正的死亡是这个世界上再也没有一个人记起你。

# 道德最重要

今天接儿子去协会办公室的路上，他主动跟我分享了一个关于道德的故事。

故事来自抖音30秒的小视频，情节是这样的：有一个收废纸的人，跟随一个城市人上楼，到了那个城市人的家门口。城市人看收废纸的人要进来，就说："不要进来，免得弄脏我家地板。在外面等着。"

收废纸的人没有进去。过了一会儿，城市人出来了，拿着一堆废纸交到收废纸的人手里，收废纸的人称了称说："5块。"说完，他连忙从口袋里掏出来5块钱，递给城市人后就下楼了。

收废纸的人不小心绊了一下，发现里面掉出来一块大理石石砖。他再从废纸堆里找，找到一个纸盒，他觉得里面装有东西，打开一看，是5000块钱。

他立马上楼，拿着纸盒（他没有把5000块钱拿出来），还有那块大理石石砖，按之前那个城市人的门铃。城市人出来说："你怎么又回来了？我这已经没有废纸了。"城市人正要关门，收废纸的人说："这钱是你的吧。"城市人连忙笑着说："是的，是的，谢谢你。"收废纸的人又指着大理石石砖说："这个太贵了，我要不起。"

城市人接过大理石石砖时，收废纸的人转身离开了。

儿子说："所以道德是最重要的，钱不能代表一切。道德和钱，我选

择道德。"

◎洞见：儿子从一个小故事中受到启发，还能够与大人分享。那一刻我表扬了儿子。

收废纸的人的高尚品德，体现了一个人的价值。道德是衡量一个人最基本的准则。

精进之美

（永康市精进文化协会系列丛书）

# 同行外行不一样

今天在闺蜜家喝茶，刚好李哥从杭州过来。一见面就开始聊茶，李哥一直喜欢喝绿茶，对绿茶有独到的见解，用情特深。

后来有朋友建议我们喝生普，正宗老班章开泡。我们正等着茶汤出来，结果李哥笑呵呵地来了几句："这茶是发酵茶，压在一起一饼一饼的。你看茶叶就像发霉的，闻到的味道就像烂豆腐，其实与垃圾差不多。"

闺蜜躺在椅子上，连忙说："不是同行就不会说同行的话，外行就说外行的话。"我们在边上笑翻了天，今天上午喝了泡冰岛，闺蜜刚开喝只喝了两泡。前几天给另外一个女朋友拿了半饼，今天我去把另外半饼也给拿走了，一饼冰岛就这样被我们抢走了，不管闺蜜同不同意。闺蜜直接称我俩像强盗，一个大强盗，一个小强盗，我属于小强盗类型的。

（2018年4月27日）

洞见：萝卜青菜，各有所爱。李哥喜欢喝绿茶，闺蜜喜欢喝生普。大家都没有错，只是站在哪个角度分享而已。

# 人人都是考生

昨天读了吴老师发的《人人都是考生》，我明白了，我生活中为什么会出现如此多的坎。回想过往人生，真的像吴老师分享的一样："我们都是考生，生活即是考场，分分秒秒都是考试。"

企业里员工相互指责埋怨，客户等了我们两年的合作电话。同行相互厮杀用价格战抢客户，僵化思维、没有创新、没有持续力。如何与员工、客户成为好朋友？婚姻里总是与伴侣相处得不够好，做好母亲对我来讲真的好难。

协会里怎么做到机会人人平等？当许多会员不理解时怎么办？当意见不统一时如何调控情绪？面对外界压力如何处理得更好？

所有的角色都是不堪一击，这只是我一部分的考题，还有许许多多的清单在我的脑海里。过往的人生里，对这些问题我学习了吗？进行考试了吗？考了多久？有没有及格？我的回答令自己大吃一惊："基本上没有及格，什么考评都没有，常常以自己为中心，使得许多人和事离我而去。"

（2018年4月28日）

◉洞见:如何考好人生中的每一场试,许多老方法是行不通了。

　　每一场考试都特别难,会让你措手不及,而且永远没有正确答案。正因为这样,我们更需要用谦卑的心态去学习,不懂就虚心向高手讨教。试问,如果自己不努力,能考及格吗? 不会游泳的我,还要继续换游泳池吗?

# 美丽塘里

对塘里村有种不一样的情怀，一是来自塘里村的村民孙德顺，我与他家做生意合作已经许多年。许多次在孙德顺家楼上眺望整个塘里，觉得风景很美。

去年与掌声工坊的程总再次遇见，被邀请去塘里玩的时候才发现，程总的店铺都是用老房子改造的。让你大饱眼福的是掌声工坊的银碗、银筷子、银垫子、银酒杯。许多来参观的游客不断咔嚓咔嚓地拍银器，记录下艺术品的美。

村里还开了咖啡馆、私厨、阿吉禄等许多特色店，把所有的老房子再次利用起来，吸引了许多游客。

塘里村的美丽乡村建设是真不错，干净整洁，严格执行垃圾分类，每一户人家的门口都种上了鲜花，两户人家中间种上植物衔接起来，一户一景就衬托出了美的气息。我对乡村的美好印象，就是从那时开始的。

去年协会所有理事成员拍合照的时候，选择了塘里。当我们为了选景往山上爬的时候，那美景更是美不胜收。昨天是精进协会的五一活动，我极力推荐夏天队陆队长去塘里村搞活动。

书画中心位于山上的最里边，里面有许多画，原来这里可以用来办画展、摄影展。村里有一个这么大的公共场所，村民的活动不用走出去，还可以吸引更多的团体。

圆形的灯具,一流的音响。参会的人员连连称赞塘里村的书画中心场地真不错。村支部副书记告诉我们:"塘里村举办这些活动,可以提升村里的文化底蕴。"

(2018年4月29日)

◉洞见:我在农村出生长大,村里的点滴应该是再平常不过的。塘里村建成了浙江省的示范村,值得大家去游玩。

这背后少不了村支书孙书记的带领,以及所有村领导和村民的共同努力。美丽乡村的建设,需要勇气,需要勇于创新,还要承担许多的艰辛和别人的不理解。

# 精进五一活动

昨天是夏天队"精进五一劳动节"的活动,陆平大队长带领会员走进了美丽的塘里。

山上寻宝活动让所有的参与者,似乎回到了天真烂漫的儿童时代。礼物非常独特,让人回味。有金币、超级大雨伞、红木凳子、坚果、美斯特保温杯……欢声笑语在塘里山上萦绕着。

4月22日那天,协会有几个会员刚走完玄奘丝路——4天3夜96小时108公里。所以昨天还特别邀请了杭州万友会会长玉飞,她和精进家人一起分享了行走带来的无限可能!

有个伙伴从小被截肢,在走沙漠的过程中,他还不断地帮助同行者。他虽然身体有残疾,但是每天锻炼,身体素质比许多人都好。

有个伙伴体重两百多斤,在家里从不锻炼,他本来就想体验一下在沙漠里喝点酒摔一下酒瓶是什么感觉。第二天他想逃跑,但怕无颜以对给他发众筹和筹款的朋友,所以一直坚持着走下去。当走到最后5000米的时候,组织布置任务可以抬着一个人走,这个伙伴告诉我们当时他也很想躺在担架上让人抬,可是他太重了,整整200多斤,又是男的,怎么好意思,后来成了抬单架的人。这个伙伴本来自己都走不动了,还要用担架抬着一个人完成5公里,谈何容易?许多人分享的例子让人感动。

金华日报永康分社的巩记者,与我们分享了如何写好日精进,让别人看了就能一目了然。不要写得太啰唆，不要否定自己，而要认可自己。有了时间的积累，才会有量的质变。

（2018 年 4 月 30 日）

　　◎洞见：每次活动都能够给我们留下许多回忆，多听、多走、多悟，人生注定会与众不同。每次的学习都会给我们奠定更好的基础。

　　唯有体验，才能领悟，听到的与体验到的截然不同。沙漠之路，唯有走过，才能懂得。精进之路，唯有写过，才能懂得。

第五辑

五月

2018年5月

| 日 | 一 | 二 | 三 | 四 | 五 | 六 |
|---|---|---|---|---|---|---|
|  | 1 廿等节 | 2 十七 | 3 十八 | 4 青年节 | 5 立夏 |  |
| 6 廿一 | 7 廿二 | 8 廿三 | 9 廿四 | 10 廿五 | 11 廿六 | 12 廿七 |
| 13 母亲节 | 14 廿九 | 15 初二 | 16 初二 | 17 初四 | 18 初四 | 19 小满 |
| 20 初六 | 21 十四 | 22 廿八 | 23 廿九 | 24 初十 | 25 十一 | 26 十二 |
| 27 十三 | 28 十四 | 29 十五 | 30 十六 | 31 十七 |  |  |

# 朋友重逢

在敏安和柳丹的引见下，为了一次分享会，我重新认识了玉飞姐。

因为她是我大嫂的表姐，也是我最好的朋友，玉飞姐经常与嫂子在一起。玉飞姐嫁人的时候，我才10岁。经常跑去哥哥家玩，所以在30年前，我就认识了美丽大方的玉飞姐，印象也特别深刻。

柳丹这次徒步回来，就一个劲儿地跟我分享，玉飞姐如何轻声细语地与别人沟通，而且这次带伤徒步。原来，玉飞姐当时两根骨头断裂后恢复还没有120天，就参加徒步，而且还当队长。引导同队都要一起走，不断地去帮助别人。

有一天她走得很累了，躺在那里一动也动不了。忽然有个伙伴跑过来说："永康有个徒步者受伤了。"玉飞姐连忙叫上队里的几个永康人，去看望他。伙伴都劝她不要去了，你自己都已经痛得不行了。她说："我们都是永康人，永康人受伤了，哪怕我再痛再远也要去看看。"

正因为她的为人，4月28日精进活动中，她徒步的组员，从杭州、上海都被她感召到永康。上海的高总为了来永康，在五一假期抢票抢了很多次，才终于赶到了会场。

（2018年5月4日）

❀洞见:与玉飞姐虽然是亲戚,但没有深交,对她了解不是很多。以前只了解她表面的,比如美丽、温柔、大方、善良,现在接触后深入了解就能交心了,距离也更近了。

精进之美

(永康市精进文化协会系列丛书)

# "等了两年了"

有一个外地的客户刘总,这几天销售何经理联系上了他,后来何经理把刘总的微信推荐给我,我马上加为好友。

我:"最近生意还好吗?"

刘:"还可以的,感谢颜总支持,以前都是跟花姐联系,上次去公司好像颜总你不在。一直都希望跟颜总好好合作,等花姐电话等了两年了。"

我:"真对不起,让你久等了,我们公司没有做好,实在抱歉。"

刘:"可以的,颜总,你太客气了!只要质量没问题,我们的单子以后全发你那边。"

(2018年5月7日)

◎洞见:值得反思的是,我没有与客户真正搞好关系。想要把生意做好,必须与客户打成一片。了解客户的需求,做出客户心中想要的产品,才能赢得市场。

刘总会等我们两年,说明他有境界有高度,值得我们一生追随。

# 心爱的山水画

　　四年前刚搬进新房子的时候，风水先生老李就建议我，在茶室墙上挂张山水画。可是挂画的尺寸非常特殊，常规尺寸挂起来都不协调。

　　这么多年我问了许多朋友，可惜尺寸合适的山水画，一直没有遇到。两个朋友分别在不同的时间，给我拿了两张山水画，结果都不合适，一张朋友直接拿回去，另外一张我就先挂着。

　　我把画挂上去才两天，闺蜜打电话给我："墨海老师要来永康，他的山水画画得特别好，到时叫他给你写幅字。"我马上告诉闺蜜真实的想法。

　　闺蜜很是了解我的心愿，一见到墨海老师就帮我说情。墨海老师同意帮我画后，我不知道有多高兴。四年里，我一直想求一幅山水画的墨宝，可惜茫茫人海，很难遇见。让我特别感动的是，墨海老师的夫人让墨海老师来我家看准确的尺寸，并询问了我的生辰八字和所属行业，墨海老师结合《易经》，再去画这幅山水画。

　　我在泰国的时候，闺蜜就把山水画拍照发给我了。4月29日，当我把画挂上去的时候，高山流水仿佛活了一样，让人身临其境，就像是处在大地山河中。

（2018年5月9日）

　　◉洞见：当你想要一幅特别的墨宝，机缘巧合之下如愿以偿后，你会特别珍惜。

# 母亲节快乐

妈妈离开我快3年了。娘在家在，一点也没错。

在20世纪60年代，妈妈含辛茹苦把我们7兄妹养大，实属不易。如果现在让我来养7个孩子，我真的难以想象。

母亲的脸庞是我再熟悉不过的。看着她慢慢变老，脸上长满皱纹，而我们渐渐长大，一个个成家，其他兄弟姐妹与妈妈在一起的时间也越来越少。而我妈妈一直都在我们公司工作，直到她生病得脑梗。那年，她已经72岁，躺在病床上还念叨着，身体好了要回公司工作。

她把无私的爱给了这么多个孩子，也把自己的晚年时光留在了我的公司里。以前去公司都能听到她熟悉的声音，当我有情绪时，她总是特别心疼我。当别人不能理解我，与我争执时，她总是出来打圆场。无论在外面受了多少委屈，她总能给我依靠，给我信心，给我支持。

而如今去公司，我只能朝着妈妈坐过的办公室瞄几眼，勾起我心中对她的无尽思念。手机里藏着与妈妈的合影，想她的时候拿出来看看。虽然妈妈走了，但是我的心一直与她在一起。在我特别无助的时候，我就会想起妈妈，她给我生活的力量，她的精神永远鼓励我往前走。

（2018年5月13日）

洞见：妈妈是我的启蒙老师，她教会我许多，让我懂得人情世故。母亲节是思念的日子，也是相聚的日子，表达心意的日子，请大声说出："妈妈我爱你，母亲节快乐！"一生中不要留下太多的遗憾，请珍惜在一起的时光。

# 出　坡

在西安冥想的这几天，11个来自五湖四海的姐妹聚在了一个房间里。

与以往冥想不一样，这次增加了出坡、瑜伽、诵读。那天，当任务分出来的时候，打扫区域由团长带我们去看，杨曼辰主动说打扫公厕，因为公共厕所分男女，我就马上接话，我与曼辰一起扫公厕。

第一天扫厕所时，很不习惯，其实在家里从来不做这种事情。但是看着年纪比我大的曼辰拿着洁厕剂开始清洗蹲坑时，我也放下了顾虑，戴上手套开始换垃圾袋。不习惯的我，看见垃圾桶里的污秽物，恶心涌上心头，但是我必须坚持。我学着曼辰清洗蹲坑的样子，一点点把心中的埋怨压制住，小心翼翼地干着。

边做边思考，那么多不舒服的感受，其实都来自我的习惯。日本曾经有过这样的标准，凡清洁工亲手打扫的马桶可以装水拿来喝。事情做到那样的地步，没有一丝不苟、精益求精的态度怎么能行呢？

碰到男厕有人在上厕所，从刚开始的厌恶到后面的习以为常。男同胞们用好奇的眼光打量我的时候，我也一笑而过。那一刻我不是会长，也不是董事长。

厕所一天打扫两次，第4天我们分享了扫公厕的感受，第5天有室友抢着去扫了。我又换成打扫宿舍，原来我注定与扫厕所有缘，宿舍里有4

个抽水马桶要清洗。这几天也是我人生当中扫厕所最多的日子。有几次含着眼泪，默默告诉自己一定行的。

（2018年5月16日）

🌸洞见：在过往的人生里，我似乎总是那么高高在上，不向现实低头，不弯下腰来好好看看脚下的风景。该忍的时候没忍住，让自己失去了很多机会。佛家里的出坡出的不是扫厕所，而是修那颗浮躁不安的心。当别人用异样的眼光看你的时候，你需要用平常心对待。如果我足够谦卑，人生就会改变。傲慢的高山上长不出花草，卑微地放下身段，清澈的泉水才会流向你。

# 智慧的盛宴

今天崇德学校邀请浦江学堂鲍鹏山教授做讲座，题目是"今天我们为什么要学经典"。鲍教授风趣幽默地演讲着，中国的教育是打工仔的教育，为了找份好的工作，这样的要求其实很低。人们的内心缺少精神的支撑，没有唤醒生命的自觉性。对教育的理解是唤醒沉睡的心灵，不断向上向善，有力量地往上走。为什么有人考完大学，就变得平庸了，是因为没有持续唤醒的动力。

学校的教育要传承文化和传授知识，最关键的是传承文化。为什么要传承文化？原因就是让一个人文明化，让社会运作文明化。判断标准就是人类的价值观。

我们要有判断力，要有价值观。《论语》就是教我们如何做判断。如今的家长，周末不断地让孩子去参加各种培训班，其实许多时候是没有必要的。

你想在孩子身上加多少东西，有没有必要培养这项能力？所以必须要有判断力。所有的教育都是有限的，判断能力却伴随人的一生。

读书不光是长知识，更是让心智成熟。专业知识是重要的，如果没有判断力也是不行的，没有良知、没有是非、没有善恶就更不行了。《论语》是方向，引着你向上走，活在追求和理想中，过有意义的人生。

（2018 年 5 月 17 日）

洞见：鲍教授今天的演讲，打开了所有在场的人对中国文化传承的开关。孩子们能够在崇德学校享受爱的教育，在中国文化的长期熏陶下，相信孩子们一定会成长为有良知、有判断力、有价值观，能够为社会做出应有贡献的人。

# 遇见未知的自己

在今年企联会的年会上，祝老师带着他的一批学生跳了一支瑜伽禅舞，那一刻我被美妙的歌声和柔软的舞姿吸引了。回来就与丹爷一拍即合，去练瑜伽。在将近一个月的准备后，精进文化协会会员有十来名美女参加了这个活动，还成立了精进文化协会艾馨月瑜伽队。

今天我与爱绸、红姑三人在瑜伽馆上了第一节课，下午的时候我还有点顾虑，许久没有上类似的课了，10多年前交了钱就算是学过了。起初是奔着想学《恋人心》的舞蹈，这次参加了10天的冥想，每天都有瑜伽，让我明白瑜伽不光是练舞蹈，更多的是放松全身，让身体能够柔软下来。

对于我这样平时很强势的人，练练瑜伽再好不过了。今天在一起的伙伴许多都是第一次练，看到祝老师跳《恋人心》的舞蹈，好美好美。虽然祝老师是个男孩子，但是他表现出了女性的柔美，他的力量显现了阳刚。其实，女人也具备这两种双重特质。而我就把我的温柔面给藏了起来，典型的女人身男儿心，活错性格的我让身边的人也跟着不开心。

祝老师看着我的动作，说我是个小可爱，而我知道自己的动作有多难看。但是值得欣慰的是，总有几个动作我会做了，能把《恋人心》前面的一小段独立跳下来。一起去的伙伴相互加油，祝老师也鼓励我们："如果你们能够持续练10次，那这支舞蹈就会跳得非常棒。"

（2018年5月18日）

洞见：女人如水包容万物，不要把自己搞得像刺猬一样，别人无法靠近你。瑜伽我会用心学下去，不光是为了学舞蹈，更多的是练就自己一颗柔软的心。

# 乐于服务

今天是精进文化协会走进古山福利院服务老人的日子。一早与儿子商量，并向跆拳道教练请假，让他和我一起去福利院献爱心。

伙伴们在市府广场准时出发，很快到了目的地。爵士布兰卡厨师长和服务人员，已经早早到了，准备工作就绪，正要包饺子。爵士马总为了活动放弃了陪高考的孩子。我们也马上加入，看看小宝包的饺子，奇形怪状，却别有一番趣味。

慈善部副会长王新如和部长徐美芳，用她们最美的笑脸，给所有的老人发放礼物。那些腿脚不方便的老人，伙伴将礼物送上门，古山福利院朱院长一一做好登记。有个阿姨不断地向我们分享，普济医院的老板娘对她很好，还拉着我们的手说个不停。

快到吃中饭的时候，爵士的伙伴开始煮饺子，没有用煤气而用了柴火。芳妹抢着烧柴火灶，那是她的拿手绝活，熊熊的柴火把饺子给煮熟了。一旁的小哥看到烧柴火也去体验了一把。今天孩子的收获不少，颈部挂着单反照相机，一、二、三楼走遍，留下了许多镜头，就是现在不知道拍得怎么样。但是有这么多的事情可做，游戏是没时间碰了。

当几大锅饺子搬出来的时候，院长安排我们先给那些不方便的老人送去。许多老人吃了一碗又一碗，每当看到他们吃完又端着碗来装时，伙伴们都很高兴。

（2018年5月19日）

　　◎洞见：虽然今天孩子没去上跆拳道，但是他今天学会了如何服务别人，我觉得这对他的将来会有所帮助。

　　当一个个老人在我们面前开心地吃饺子的时候，看得出来，他们多么渴望有人关心、有人陪伴，而我们只为他们做了那么一点点。与他们打招呼离开时，他们用最委婉、最深情的语言说："下次你们一定还要来。"

# 当我老了

今天与孩子一起出门,我开着车。等红灯的时候,无意中发现自己有好几根白头发,马上与孩子感慨:"妈妈老了,白头发越来越多,能够陪你的日子越来越少了。我觉得这次做了很明智的选择,陪着你一起去走戈壁,这个过程可能会很苦很累,但希望能够与你一起体验。只有陪过,才能懂得。"

大儿子从 10 岁开始,我就很少陪伴他,借口只有一个——创业忙,事情多。大儿子 10 岁,连去妇幼医院看病拿中药都是他自己独自完成。现在他已经长大成人,自己有工作了,旅游也喜欢与朋友一起,我似乎很少与他一起出门旅游。

突然想起自己的母亲临终前的愿望是去台湾旅游,刚好那年说要去的时候,我自己查出了疾病,要做手术。当时我心里想等我做完手术再去吧,结果等我做完手术,交了 4 个人的旅行费,带爸妈去永康旅行社提交资料的时候,妈妈在楼下突然就没有力气走路了。当时就把妈妈送去了医院,医生诊断后说要住院,台湾就没去成。

妈妈没能去台湾旅游,成了我这辈子最大的遗憾。

(2018 年 5 月 26 日)

❀洞见：只要现在我能走，就要带着孩子走遍各个角落。不观世界，哪来的世界观？唯有走过，才会在你的意识里种下种子。给孩子留许多物质财富，还不如陪着他去体验外面的世界。我们讲再多，都不如孩子自己亲身体验。

当我们慢慢老的时候，陪着孩子慢慢长大。这辈子没有完成父母的心愿，我不想这份遗憾再次发生。

第六辑

六月

JUNE

MON TUE WED THU FRI SAT SUN

|      |      |      |      | 1    | 2    | 3    |
|------|------|------|------|------|------|------|
|      |      |      |      | 月量初 | 十九 | 二十 |
| 4    | 5    | 6    | 7    | 8    | 9    | 10   |
| 廿一 | 芒种 | 廿三 | 廿四 | 廿五 | 廿六 | 廿七 |
| 11   | 12   | 13   | 14   | 15   | 16   | 17   |
| 廿八 | 廿九 | 三十 | 五月大 | 初二 | 端午 | 父亲节 |
| 18   | 19   | 20   | 21   | 22   | 23   | 24   |
| 端午节 | 初六 | 初七 | 夏至 | 初九 | 油林立日 | 十一 |
| 25   | 26   | 27   | 28   | 29   | 30   |      |
| 十二 | 十三 | 十四 | 十五 | 十六 | 十七 |      |

6月
2018

态度改变命运，观念成就事业，态度决定一切。

# 新时代永康企业家精神座谈会

今天非常荣幸,被邀请参加永康市委宣传部举办的新时代永康企业家精神座谈会。领导们早早在那里等候,陈部长看到我就主动来打招呼,一直表扬精进文化协会。

陈部长讲了今天会议最主要的内容,企业家精神是新时代的呼唤。为了传承和弘扬文化,促进永康市企业家扩大视野,能够有独特的精神和灵魂支柱,所以今天就畅谈企业家的精神是什么。

今天在场的许多领导和企业家,都畅所欲言。

内容有:脚踏实地、实实在在、咬住目标,做强做大一定要科技领先。吃苦耐劳、精打细算、抢抓机遇、匠心实业。

传承、创新、特色、专注,让新生代企业家跟上发展的形势,放眼全世界。

创新精神、思维创新、工匠精神、专心致志的精神。

要有品质理念,首先技术方案不通过就不合作,不能一味地只讲价格便宜,创新的时候还是要保证品质的。不断更新,科技创新这条路虽然很难,但是必须要走。

爱国的情怀,只有国家强大了才有我们的立身之地。根一定要扎在祖国的土地上,长远目标规范企业,需要有开放的心态。面临全球化的竞争,同行业、跨行业的合作,整合有效资源。

敬业精神、担当精神、学习精神、奉献精神、创新精神，抢救性地培养传承人，最宝贵的资料用录像机录下来，在学校传承、带徒弟传承、开设夏令营传承，虽然传承工艺发展比较困难，但是也解决了许多难题。

吴部长为本次会议做了总结，党的十八大开始，中国已经进入了高质量发展的时代。改革开放40周年，政府鼓励大家参与进来，提升本土文化底蕴，挖掘企业家精神。从群众中来、到群众中去，请各个阶层的人都来谈企业家精神。谈论的过程很重要，能够把企业家精神提起来，来实现自身的价值，一传十、十传百，在社会各个层面传播。

本次会议的主题得到省领导的认可和表扬。

（2018年6月1日）

🌸 洞见：企业家一旦做企业了，承担的责任是无限大的。企业强，则国强。作为企业家，仅仅会赚钱是不够的，企业家作为市场经济中最活跃的要素，还需要发挥个人能力，发动全社会共同参与，形成合力，主动履行社会责任。敢于担当，帮助更多的人，这样才能在创造经济效益的同时，更好地体现自身的社会价值。

企业家更应该把自己的企业文化传承下去，如日精进记录下人生的点滴，传承给世人的是精神。我们不仅是做企业的，还要做一个有文化之人。

感谢领导的邀请，让我有幸参加这样的会议。愿企业家精神的座谈会越办越成功，真正提炼出永康企业家的本土文化。

# 重见天日

  今天我与闺蜜一起拜访客户的时候，手机突然响了。一看是一个陌生的号码，当我接起来，听到声音才明白，原来是3年多前一个因债务危机入狱，认识了20年的朋友。

  朋友5月31日刚出狱。我问他："你怎么知道我的电话号码？"因为我的号码是去年刚换的。原来是与他一起蹲监狱的人，曾与我们有生意来往。

  我主动问他从监狱里出来，感想如何。他虽然没说几句话，但是触动了我的内心深处。他说"监狱里的日子不是人过的，我就像是死了一回，三年六个月，每天都是煎熬。讨饭都是在外面好，自由是多么可贵。当年出事，都怪自己年轻不懂事，事情没能处理好。现在我终于熬出头了，我要加倍珍惜。"

  其实，朋友出狱的时候，他的爸爸已经去世了，等着他去火葬场取骨灰盒。他姐姐的儿子因为突发脑溢血，血管破裂，医治了20多万元，抢救无效，几个月前也死了。等他回来的时候，家里发生了如此残酷的变故，对他来说真是雪上加霜。所以这几天他在调整自己的心态，决定好好陪陪家人。

（2018年6月5日）

◎洞见：人失去自由，是多么可怕。监狱能够摧残人的意志，同时也能够锻炼人格。有朋友说："监狱的生活习惯，让他能够安安静静地思考问题。"

　　监狱的日子让人明白，道德底线需要遵守；一旦触碰，前面有冰冷的手铐、脚铐等着你。重见天日是多么幸福，能够自由醒来是多么重要。

# 别拿生命开玩笑

今天媛媛跟我讲:"有个病人去年就查出来直肠里面生了一个肿瘤,便血已经有好长一段时间了,一年多的时间里,都没有去做手术。这几天人特别不舒服,去住院检查了,查出来的结果让人难以接受,已经扩散到肝脏了。"

我也是属于那种不愿意去医院看病的人。有点讳疾忌医,好像去医院要下很大的决心,能拖则拖。就像以前住在老房子,妇幼医院离我家只有几千米,走路最多十分钟,我一年一次的体检都没有去。

可是随着年龄的增长,抵抗力下降,身体的毛病越来越多。不查不知道,一查吓一跳,好几种病随之而来。我也成了家庭中大小疾病最多的一个,好像什么都眷顾着我。好几次家人推着我,进入冰冷的手术室,又在门口期待着我重新回来。每一次等待,都让人心惊肉跳。

(2018年6月6日)

◉洞见:自己的身体只有自己知道,早治疗病情也许就没有这么糟糕。等到现在后悔都来不及,也许手术都做不了,只能化疗。别拿生命开玩笑,生命只有一次,不能重来!

# 速度快

今天在街上逛，到了吃中饭的时候，转来转去转到一间吃饭的餐馆。看见人挺多的，由于好奇，我也就停下脚步走了进去。服务员连忙与我打招呼，问我几个人。我说一个人。一眼看去，几乎所有的座位都坐满了。服务员眼尖，看到边上可以坐六个人的，只坐了五个人，连忙叫我坐过去。

点菜的菜单都是提前印好的，点一次撕一张，马上算钱支付，送餐收桌。一系列的环节，干脆利落，转换得特别快，大多数人不会吃完停留在那里。因为有时候门口都站着许多人，有人吃完就进去坐下来吃。费用挺实惠，一个人23元就吃饱了。

晚上到了另外一家饭店就餐，炒菜的速度超级快，生意也特别好。

（2018年6月7日）

◉洞见：饭店能够吸引许多顾客，说明这个饭店有自己的特色。上菜速度快，是吸引人的一个亮点。如果菜品也很好吃，那更是"天仙配"了。换桌快能够给饭店创造更多的营业额。

# 满满的爱

平时有几个关系很不错的闺蜜，经常在一起喝茶、聊天、吃饭。有时候出差没几天，她们就发来暖暖的热烈信息："想你了，想死你了，什么时候回来。"我去禅修的 10 天，有几个闺蜜到处打电话询问我的下落，有个闺蜜甚至说要去报案了。

因为我们基本上每个星期都有约，要聚在一起，所以许多事情都瞒不了姊妹几个。有些事情，当我只告诉其中的一个伙伴时，另外那几个伙伴知道后说我："姐啊，还想不想做我闺蜜，什么事情都瞒着，再也不跟你做朋友了。"她们虽然嘴上这么说，来到我跟前的时候，还是给我满满的正能量。

另外一个闺蜜，在家里从来都不照顾其他家人的，是老公的掌上明珠，什么活她都不用干。最近她老公也深深地吃上了陈醋，怎么对女朋友就这么用心，不怕烦不怕累地去关心，去默默地付出。只要跟她在一起，一天都会听到笑呵呵的声音。

今天，微信那头又传来闺蜜的热线，只要她参加聚会都约我一起，对我非常信任。她总会主动问我要吃什么，总能问到我心坎里。当我对她撒娇说想吃这个、想吃那个的时候，她回复："只要你有要求，我就会想办法给你办到。"

人生有三两个关系要好的闺蜜，真是足够了。

（2018年6月9日）

🌸洞见：我是这个世界的宠儿，有许多的家人、闺蜜、知己、朋友，在我身上撒下了满满的爱，让我在有生的日子里不感到孤单。因为有你们，我成了幸运儿！

今生与你们相遇，是我这辈子最大的福气。感恩亲们满满的爱，我会珍惜，我会埋藏在心底。谢谢你们，我爱你们！

精进之美

（永康市精进文化协会系列丛书）

# 不忘初心 坚守使命 感恩社会

今天下午精进文化协会40多名会员,还有县里的各级领导,大家相聚在金同大厦长松建设公司的会议室。主题是新时代企业家精神大讨论。我的分享如下。

尊敬的陈部长和各位领导,各位精进协会的企业家们:

听了大家的分享,我感同身受,大家都是做实业的,没有一股子"精气神",根本坚持不到今天。我进入门业行业17载,说没有厌烦情绪,那肯定是假话。人就是这样,很容易走着走着就忘了初心,可作为企业家,我们应该学会享受工作。既然做了这一行,就要爱这一行,哪怕到了厌倦期,也要逼着自己"享受"当下,把工作做到极致,才能创造效率。这是我分享的第一点。

第二,作为企业家,我觉得需要换位思考。企业会遇见各种各样的难题,自然而然就会有许多人际关系要处理。当与客户、员工有分歧的时候,如果站在自己的角度去考虑,问题将很难迎刃而解。这个时候我们就需要快速转换,站在对方的角度考虑问题。我是一个讲话非常直的人,总会不经意地伤害别人。每次事后总会后悔,不该如此讲话。作为一个企业主,管好言语尤为重要。有时一句话能够激发你的动力,有时候一句话能将对方击垮。不要总在背后说别人的不是,不要因为你说过

的话，引起别人的烦恼，有损企业家的形象。

第三，作为企业家要有感恩精神。许多时候我们愿意为自己的公司、家庭、亲人全身心地付出，而总是忘了要去帮助别人。如果只管好自己的那"一亩三分地"，当你遇见困难的时候，别人只会"锦上添花"，不会雪中送炭。作为企业家，我们每天一睁开眼睛，就得想一想今天我需要帮助别人做哪三件事，要全情投入。这些年我们精进文化协会平台的价值得以彰显，为什么？就是因为在这个平台上的企业家有一种感恩的精神和无偿帮助他人的精神。

第四，作为企业家要有不断学习的精神。办企业我们都有亲身体验，靠我们自己的那点知识，想要企业得到快速发展是远远不够的。我们一定要通过学习，让企业有一个核心的团队，靠自己一个人的力量，走不远，只有团队的合力，才会有竞争力。企业家无论再忙再累都要学习。只有不断学习让企业形成自动化运转，做到日经营管理、数据化管理，让每一天的报表数据能够为你提供更好的参考，引导你做出更好的策略和方向性的决定。

最后，企业家要有社会责任感。我现在尽力对我的员工负责，这是我应尽的社会责任，我也在努力为社会做得更多。最初成立永康市精进文化协会，只是我个人的一种坚持，没想到能感染到那么多人，当有更多的人和我在一起的时候，我的责任感也就油然而生，我希望这个平台能办得更好。

谢谢大家！

（2018年6月15日）

# 意义非凡的日子

昨天下午在长松建设办公室,开了两个会议。下午1点至2点,永康市精进文化协会第一次党员大会召开。

中共永康市社会组织综合委员会副书记、永康市民政局党组成员、局长应巧云,参加了本次会议。在应局的见证下、国歌的伴奏下、涛弟庄严神圣的主持下,选出了第一届协会党支部书记,由周雨露任职并由其发表激情澎湃的讲话。党支部的成立意味着协会又上了一个新的台阶,协会响应党的号召,愿跟上党的步伐稳步前进。

第二场会议新时代企业家精神大讨论也准时召开。永康市委宣传部常务副部长、市委外宣办主任、陈晓峰,市社科联副主席应广胜,理论党教科副科长胡伟俊,中共永康市社会组织综合委员会副书记、永康市民政局党组成员、局长应巧云等几位领导参加会议并发表讲话,16位精进家人也分享了独到的见解,分享了对企业家精神的理解。整个会场井然有序,没有人低头玩手机,大家完全沉浸在热烈的讨论中,各抒己见或用心聆听。

(2018年6月16日)

🔘洞见:我们的精进协会得到了陈部长、应局长的高度肯定,也得到了他们的大力支持。陈部长还布置了"作业",今天分享人员的分享全部要整理成稿,还要每人提炼出一句话表述企业家精神。

精进之美

（永康市精进文化协会系列丛书）

# 儿子的世界

难得大儿子从杭州回来，中午在一起吃饭。我总会问些他在外面的事情。儿子的回答总能让我学习到很多东西。我的脸上总是浮现出满意的笑容，脑子里总会闪现出他在外面的画面，忍不住对他说："你怎么会这么优秀呢？"

大儿子最近与他堂哥住在同一个房间，他堂哥只要下班回家，就一直不停地玩游戏。我忍不住问孩子："你堂哥这么会玩，你不劝劝他吗？"他回复我："说了好几次也不改，我想教他编程，让他学点技术，到时可以帮帮我，也可以利用空余的时间赚些钱。堂哥也不学，他比我大，我又不能经常说他。"

回到自己家里，大儿子与小宝说："哥哥后天回去上班，就是公司的正式员工啦。下个月领到工资就给你买个游戏机，省得在手机APP上玩。"小宝马上起身，把一块比萨送给哥哥吃，表示感谢。我在边上不自觉地笑了笑，这俩孩子的感情还是挺好的。

其实我对大儿子的教育是放养式的，对他的了解也不是很深。见我夸他优秀，他又分享道："我是整个学校九个分院中入职工资最高的，而且也是有史以来，这个公司在我们学校录取的唯一一名学生。学校还给我颁发了优秀毕业生证书呢。"

我故意问："你们学校这么多学生，为什么你能进这个公司，而其他同学进不了？"

他的回答值得所有在读大学的学生思考："妈妈，学校教的那点知识是不够我们在职场上用的，我自学了很多知识。如果没有真凭实学，很难进入好的公司。许多同学在大学谈谈恋爱，出去玩玩，混张毕业证书出来就算是大学读完了，但是，我没有混。"

（2018年6月17日）

❀洞见：大儿子比同龄人更稳重成熟，比较有主见，许多同学经常找他商量事情。多聆听孩子的心声，会让我们的心灵更年轻。

无论在哪个年龄段，我们都要多努力，才能有收获。天下没有免费的午餐，多学知识才能使机会增多。每个人的机会都是一样的，抓住机会的方法不同，呈现的结果也不一样。

# 都是不整理惹的祸

前段时间我写过一篇日精进，关于我车上的气味，我总以为是年初一的时候，不小心放了萝卜，大太阳晒了三天导致的。我把车送去车行洗了两次，这股味道还是能闻到。每次孩子的朋友一坐上我的车，就说："这味道好难闻，好臭啊！"那个尴尬的场景，只有我自己最能体会。

用了几个方法都行不通，那天我与朋友说："是不是有死老鼠，不然这个味道怎么随着天气变热，越来越严重？过几天叫卡宴汽修看一下。"朋友马上回复："明天刚好要去普明禅寺参加开光典礼，你可以坐我们的车，一早就叫汽修厂找一找味道来源。"我马上接受了这个建议。

意想不到的是，卡宴汽修厂在车上里里外外、前前后后足足找了好几个小时，终于在主驾驶后面，可以放资料的椅背的袋子里，找出了一团已经腐烂的食物。因为食物体积不大，又放在袋子的最下面，我们找了这么多次，根本不知道臭味是从那里散发出来的！

汽修厂真的是帮我解决了一个大问题！我甚至都想放弃继续使用这辆车了，因为闻到这种浓烈的气味，我一上车就开始咳嗽。

（2018年6月19日）

◎洞见：一次不小心，惹下了困扰我的大麻烦。让我在将近四个月里，产生了许多的烦恼，连孩子、家人、朋友都陪着我受这份罪。其实，我们待在车上的时间挺长的，车给我们带来了很多的方便。没有想到的是，因为没有及时清理，到现在也不知道谁放的食物，我自己也没有这种整理的意识。

# 快乐的家访

昨天孩子放学的时候，蒋敏老师就通知我："这两天你什么时候有空，我要来家访。"我的第一个反应就是："真荣幸，我们被抽到家访了哈。"蒋老师笑着回我："不是抽的。"我心里一惊，不会是孩子在学校惹事了吧！

与孩子一起吃早饭的时候，我问睿森在学校表现怎么样。他挥着双手说："好、很好、非常好、特别好。"阿姨看着孩子，认真地说道："读书成绩应该可以的。"

吃完早饭，我陪孩子在房间看动画片。陪孩子看完时与他聊起，这两天老师要来家访，那你要如何表现呢？孩子说要让老师有意外的惊喜。最后我们娘俩商量决定，做一块欢迎牌，并给来家访的老师写嘉许信。时间已经很紧张，孩子上午还得练跆拳道。马上行动，在下午一点钟，这两样东西全部准备完毕。

下午两点钟，四位老师如约而来，刚好应雨睿也在我家。两个孩子知道老师来了，马上躲在欢迎牌后面，趁老师不注意的时候高举起来。老师们都开心地笑了起来，我们在场的人也被这两个孩子弄得哭笑不得。

所有的老师都向我肯定了孩子，给了他们许多的表扬。同时，希望我们多带孩子去户外走走，尽量让孩子远离电子产品，让孩子喜欢上阅读。

　　老师们要离开时,睿森准备了礼物,还向所有的老师说出了他的心里话。

(2018年6月23日)

　　⚘洞见:一次家访,是学校老师和家长、孩子深层次的交流。家访是一座桥梁,把我们双方紧紧地连在一起,让我们为一个共同的目标奋斗,希望孩子快乐学习,健康成长。许多时候,我们需要给孩子多创造些惊喜,才能让对方有更多的幸福感。

# 不是炫耀而是照耀

这个月是协会推出公众号以来，最热闹的一个月。有企业家精神、端午节、精进协会嘉许理事成员等等，公众号还挺热闹的。

每当公众号上推出一篇文章时，我总是希望会员能够及时转发。有些会员总是特别积极地响应号召，我心里特别感激他们。

许多时候还是要点对点地去提醒他人，我觉得我是这个世界上脸皮最厚的人。看到有些朋友没有转发，就会留言提醒，结果会出现很多种可能。有部分人马上转发，有部分人永远都是无动于衷。这个时候就是我开始修心的时候，只要努力过，结果不重要，从此我的内心也越来越强大。

昨天晚上当我把孩子的链接发出去的时候，有些朋友与我私聊。我就分享道："这5封信的内容不是炫耀，而是希望记住别人的点滴，用感恩来行动，记住别人的好，忘记别人的不好。从小培养孩子要有感恩的心，从发现身边每个人值得感恩的事开始。我们自己的企业团队也需要这样的力量。"但是你会发现你要去嘉许一个人真的很难，说不出口。许多时候我们记住的都是别人的不好。

今天我翻出6年前的笔记，在小宝6岁的时候我就与他分享：小宝你要像光一样照耀小朋友，只要你一出现就要照耀一群人。光照万物，所有的幸福都来自梦想,没有成就感就不可能幸福。

(2018年6月26日)

◎洞见:我在朋友圈发了这么多年日精进,这让我内心强大了许多。无论别人怎么评论,我还是做我自己。因为我很清楚,我真的不是炫耀,而是希望用这种力量照耀更多的人。

第七辑

七月

# 与孩子在一起

昨天上午陪孩子弹完钢琴和剪完头发,匆匆忙忙赶到接睫毛的地方。当我从右边拐进去,想要停车的时候,左边没有停车位,右边有位置。但是右边如果就这样停进去的话,要占用好几个车位。

离接睫毛的时间已经晚了几分钟,我内心已经很焦急。但想要停好车位,做到一车一位,就得开到前面掉头后再停进去。而偷懒的我就直接把车停进去了,心里想着不管了。

可当我与孩子下车的时候,睿森下来一看马上说:"妈妈,你一个人占了三个车位,这样不好。"

我说:"下次一定改进,今天赶时间。对了,儿子,你怎么知道这样停车不对的。"

孩子说:"从电视上和课外书里学来的。"

我一边走路,一边对他竖起大拇指。现在想想,我还是没有做好。当时应该回去重新把车停好,给孩子做好榜样。

（2018年7月2日）

◉洞见：大人不要总以为孩子不懂事，与孩子在一起的时候，我们可以从孩子的身上学习到许多。有时父母的一举一动可以改变孩子的一生，能够为孩子做好榜样的时候，我们真的不能偷懒。

精进之美

（永康市精进文化协会系列丛书）

# 我当孩子的角色

马上就要出去徒步了，今天上午带着孩子去华联商厦买些东西。当我问孩子他最想要的是什么时，孩子的回答让我忍不住想笑。他一直嚷嚷："买吃的买吃的，都买吃的！"

路过华联商厦门口，睿森就要进去买，我心里想阿姨没在，买东西有点麻烦。我是个懒人，今年一次都没有去商场买东西。那一刻，我就想好好陪陪孩子，买他想买的东西。孩子特别开心，买了喜欢吃的零食，还准备了徒步吃的食物，一切让他自己做主。

买好单，有两支笔可以领，我本来不想领，但孩子坚持要领。我就告诉睿森："你拿票自己去领，不知道的地方你自己去问，还要把正式发票开来。妈妈今天当小孩，你今天当大人。"我就成了看东西的"小女孩"，不能乱走，在原地等睿森回来。

收银台的服务员看着我们两个，知道我俩的意思后，忍俊不禁。过了一会儿，孩子把两支笔领了，发票也开了。服务员给睿森投去了赞许的目光！

吃中饭的时候，点单、买单、刷卡、开票，统统由10岁的睿森解决。通过今天的角色互换，孩子也成长了许多。

（2018 年 7 月 3 日）

精

进

之

美

（永康市精进文化协会系列丛书）

🌸洞见：与孩子在一起的时候我们不妨换个角度，也许孩子会成长得更快。原来示弱也是一种智慧，许多时候我们在生活、工作中，不能那么咄咄逼人。

孩子的角色，会让你变得更加阳光、快乐、纯真、绽放，不信你来尝试一下，惊喜不断。当孩子转换为大人的时候，他会变得更勇敢，敢于担当，主动解决问题。我们母子今天的体验，为美好的明天奠定了更好的基础。感谢孩子让我成长！

# 徒 步 出 发 了

今天是崇德学校和精进文化协会戈壁徒步亲子游出行的日子。昨天已经有几个班级提前去了,我们被安排到第二批出发。学校帮我们安排得妥妥的,精进协会的22名成员和四(2)班的同学、家长、老师一起出发。

一上大巴车,精进的伙伴们都已经在那里等候。老师的热情,让整个车厢洋溢着幸福。家长吆喝着大家吃水果、吃零食,大家就像是一家人。今天的亲子游出行,拉近了孩子与父母之间的距离。

在机场里孩子们玩的花样,都让大人大开眼界,这就是孩子,经常打破常规。阿丹、王秘书长总是用他们最敏锐的眼光,拍下美好的瞬间,留下永恒的回忆。

出发前,协会所有人员在机场合影留念。愿每一次的出行都能平平安安,顺顺利利!

感恩崇德学校的辛苦付出,敢于担当,勇于创新,让我们有机会共同参与,在分享与探索的道路上继续前行。孩子10岁的成长礼,将会在他们的生命中留下重要的印记。

（2018年7月5日）

◉洞见：一次出行，将会带来不一样的体验。一次徒步，将会带来人生中最大的转折点。一次亲子游，将会给亲人之间带来更深的心灵上的交流。

# 戈壁徒步第一天

今天是徒步出征的第一天，带着好奇，怀着恐惧感，充满着神秘感，开启徒步征程。

仪式感还是很重要的，在这个前不着村、后不着店的荒野，只有荒凉的一片，连棵好乘凉的大树都没有。而崇德学校开营仪式正式启动了。戈壁徒步夏令营活动在两百多人的见证下，在林校长的鸣枪声中开始。

今天可把我们娘俩折腾苦了，一开始儿子在大太阳的照射下，头巾也不肯戴。我们是第一组最早出发的，条件也是最有利的。为了儿子的头巾，几次停下来给他戴上了，他又摘了几次，我俩落下了一大段。刚开始还想追上去的，到后来距离就越来越远。

儿子看跟不上团队，就开始埋怨背包里的物资太重了。不断将手杖往地上又扔又摔，我心里被他搞得七上八下。我的语气也随着孩子情绪的变化而变化，感受到孩子的不开心，马上转换成给他加油打气。看到孩子的包确实太重了，我帮他拎了过来。走了一段以后，吕方超老师看到我步履迟缓，就主动给拎过去了！

做生意是心累，徒步是身体累。林校长问我哪个累，我觉得还是徒步累，够磨炼人的心性。今天虽然只走了18公里，但对我来说是相当大的挑战。嘴巴说孩子走不动，其实自己才是真的走不动。虽然吴老师不断教我们如何行走，但是腿就是没有力气，实在迈不出去。

林校长看我们母子很艰难地走,给我们鼓励,又好几次拉着我俩往前走,给我们茶水、榨菜等补充能量。他对别人也是如此,一路上哪里有需要,林校长就出现在哪里。总共今天要走到40号的目的地,当我走到18号的时候,我已经用尽了全力。边走边回头看儿子,又拉着儿子走了一会儿,自己的体力还是不行。那时候走下去,每走过一个号都是种煎熬,快要走到35号时,感觉每走过一个号都特别的长,这对我的人生真是一场大考验。

秘书长和柳丹都是本次活动的领队,快要到的时候,他们跑过来接我。秘书长为了我跑回去拿西瓜,中途脚抽筋了。雕爷知道我想吃西瓜,马上叫人送过来,还说:"这也许是这辈子你吃过的最美味的西瓜。"我连忙说:"是的,是的,真好吃。"在家一年都吃不了几块西瓜,今天就拼命吃。

伙伴们建议我等儿子到来,当睿森挥着旗和我一起奔跑进去的时候,团队伙伴的拥抱让所有的艰辛都化为一种感动。

（2018年7月6日）

🌸洞见:与儿子用这样的方式体验,与协会成员共同经历这艰难的旅程,给我留下刻骨铭心的记忆。

林校长和雕爷给予10岁左右的孩子这样的成长礼,相信孩子和家长的收获,不亚于任何课程。

只有不断经历,走好脚下的每一步,才能有丰富的阅历。有阅历,人生才不会显得空洞。读万卷书,不如行万里路,体验是最好的教材。

# 不抛弃 不放弃

今天是徒步的第二天,一早叫醒的音乐响起来,把我们从睡梦中叫醒。我的第一句话:"睡了一觉,今天我们又满血复活。"

今天的活动,我们要比孩子们提前半个小时出发,大人与孩子分队出发。这就意味着孩子们的难度将会更大,大人不在身边,要独自完成。路程比昨天还要多三分之一,要行走22公里。

一开始注意力高度集中,连话都不敢说,只要一说话,体力就跟不上,也不敢回头看,怕分心,总怕连累团队的成绩。后来秘书长赶上来,拉着我往前走,一路上好几个伙伴看我吃不消了,就拉着我走到补给站。

"你是我的眼"活动,最关键的是要有信任,相信团队所有的伙伴。沙漠里行走时蒙上眼睛,路面坑坑洼洼是很难走的。这个活动,我们全程手拉手走完。大人要如此做,孩子也一样。如果不是手拉手,最后5公里都不知道该如何完成。今天走完全程后,脚下生了4个大水泡,疼得我哇哇叫。我去医务室快速把水泡给弄掉了,不然明天的几十公里,很难走下去。

想到孩子真心不容易,在家从来没有受过苦,衣来伸手,饭来张口,在这鸟不拉屎的地方,冰块都买不了。如此枯燥乏味的生活,对大家来说真是挑战。

(2018年7月7日)

◎洞见：徒步对我和儿子来讲是件特别难的事情，平时缺少锻炼，需要体力时，后悔也来不及了。影响团队的成绩时，心里挺难受。

什么是团队精神？在徒步过程中你会明白，靠一个人的力量，很难走出沙漠。只有团队合作才能走得更远，企业也是如此。只有做到不抛弃、不放弃任何一个人，手拉手，心连心，企业的合力才有竞争力。

唯有走过，才能发现自己有多少潜力。孩子没有吃过苦，怎能明白吃得苦中苦、方为人上人的道理。一切尽在体验中！

# 泪洒戈壁

今天也是非常具有挑战性的一天，大人孩子还是分开走。但是徒步难度有很大的增加，到最后5公里，要抬团队里其中一个成员走，而且大家还不能把担架放在地上，不能说话，只要违反就等于前功尽弃。这不是坑人吗？自己一个人走路都已经很难了，还要抬一个人走。

雕爷在活动开始时就跟我们说，假如你的团队中有一人受伤（有问题），你们会怎么做？是放弃呢，还是手拉手前行？还让我们从活动中去体验6个字：担当、信任、默契。雕爷给我们3分钟的时间，去讨论谁是躺在单架上的人。因为郎律师的脚有伤不好走，我们都建议让他上担架，他起初不肯上，再三劝说下，他才勉为其难地接受了。

雕爷说了一句："你真的不能走了吗？"听到这句话，郎律师死活也不肯上了，其他伙伴都推荐我上。我一路走来，提前知道活动内容，就特意吩咐秘书长领队，千万不要让我上担架。就这样僵持着，商量的时间马上到，在伙伴们的极力推荐下，我只能心情很沉重地上了担架。雕爷丢了一句话："秀丽用心去体会。"

当他说完这一句话时，躺在那里的我就开始流眼泪。我怎么对得起我的会员和家人们，如何能承受得起这份爱？走沙漠每一个人已经走得很累很痛了，再加上我一百多斤的分量，给他们增加了行走的难度，我于心何忍！一想到这些，眼泪就止不住地流。

在秘书长的带领下,每个成员都做到了,没有说一句话。他们默契地配合着,换人换姿势,手抬累了就换成用肩膀抬,抬累了大家要休息一下,只能把担架放在他们的大腿上体息。躺在上面的我,越哭越大声,一直哭到终点。当听到锣鼓声的时候,我就知道马上要到了,把我放下的那一刻,我站起来哭着与伙伴们拥抱,并说对不起。看到雕爷我就过去打他,问他为什么故意要我上。最后雕爷说,优雅,希望我们回去后用爱优雅地生活。

孩子们在柳丹的带领下,同样很漂亮地完成了这项重要的任务。

(2018年7月8日)

◉洞见:雕爷在徒步的每个环节中都用心设计,保障后勤安全也做得非常好。他是一个性情中人,特别有情怀,讲到痛处就哽咽,让人家既爱又恨。

今天我的泪水洒满戈壁,同行者用他们的身躯成就了我,给了我永不放弃的力量。

精进之美

(永康市精进文化协会系列丛书)

# 终点是我们共同的目标

今天是徒步的最后一天,早上4点钟就被叫醒歌声叫醒。今天同样不敢怠慢,马上从睡袋中起来,叫醒睿森后,匆匆忙忙地收拾行李,广播已经一次次重播着集合的信息。

我与伙伴们吃完早餐后,马上去集合点,听到广播说今天没有补给点,得自己带好中午的干粮。最后一天,难度越来越大了,条件也更差了!

林校长用他铿锵有力的言语激励着我们走完最后一站,今天的任务一个接一个。5点多钟大家出发,第一个任务用手杖,左手的手杖往后传,让后面的人拉住。右手前面的伙伴递给后面的伙伴拉住手杖。等于双手手拉手往前走,22个人的队伍要有默契,真是特别不容易的。

天还很黑,领队在我们的背包上挂着一个小灯,让我们能够照亮漆黑的夜。几个孩子在前面,我们大人在后面,为了不影响行程,秘书长跑到前面带队。其实早上的风景还真是不错,因为许多年没有经历过这样的日子。太阳慢慢升起,那道光能够照亮我们前行的道路。不知道走了多少时间,到了任务点换任务了,我们马上拍照留念。

当然由校长宣布任务,这个任务让我有些惊讶。让我们蒙上眼睛让孩子拉着我们往前走,我的妈呀,天都还没怎么亮。于是,我马上鼓励孩子:"我相信你一定能够做到。"孩子也点点头。

这一路上孩子确实表现得非常优秀,那里有个坑、有棵树、往下一步、上一步、靠左、靠右、前面平路、超过几个人了等等。我俩不断沟通,这是我这辈子表扬他最多的一次。我虽然蒙着眼罩,但是一次也没摘下,非常信任孩子。

　　当我们完成第三个任务的时候,孩子的那种喜悦,真的无法用语言表达。我们算早到的。林校长马上表扬睿森:"秀丽,你家睿森是不是很棒?"我说:"是的,孩子做的一切让我很感动。"

　　第三个任务是摘下眼罩,和孩子手拉手继续再走10公里。这10公里并没有比想象中的好走。走到16号的时候,孩子看到林校长在休息,他也要停下来休息。其实徒步,只要你经常停下来休息,就会被别人超越,从而很难跟上去。明明看着别人离我只有一点点的路,想追上真难啊!拉着孩子休息过后,我俩还是手拉手走,到了23号,自己的体力已经到了极限,实在走不动了,孩子也不断地问什么时候到。到底哪个号才是最终点?

　　其实我也很想知道到底哪里才是终点。脚上的水泡已经有9个,每走一步都痛得厉害。走到后面几公里,都是下坡路,刚好水泡都在前半段,对我来讲真的是雪上加霜,每往前走一步都是痛苦。孩子后来遇见了几个同学,有说有笑地再也没有说过累,一直走到了终点。

　　后来,应紫龙老婆看我走得那么辛苦,就过来陪我,一直走到终点。快要到的时候,伙伴们早早在那里等着我的到来。丁大大在那里等我们,锣鼓声响起,亲自为我们挂上了奖牌,记上成绩:四天三夜96个小时88公里,戈壁沙漠挑战赛,全体精进家人挑战成功。

　　　　　　　　　　　　　　　　　　　　　　　(2018年7月9日)

　　◉洞见:前方的路真的很难走,如果我们有一个共同的目标、坚定的信念、顽强的毅力,那么我相信再难的路也能够走过去。

# 游玩月牙泉

四天三夜的徒步结束,今天也许是最轻松的一天。崇德学校和万里学院的老师,早早安排好了今天游玩两个景点的行程。

月牙泉景区其实离酒店很近,有着"沙漠第一泉"之称,一进去我们就被眼前的场景给迷住了。世界之大,无奇不有,满地黄沙也让人有如此大的震撼。看着许多游客已经骑着骆驼在来回穿梭着,这景象不由得让我触景生情,想起丝绸之路的广告。

同伴们抓紧买了骑骆驼票,从未与孩子体验过,此时此刻的心情特别激动。当与孩子一同骑在骆驼背上的时候,我俩的心又一次靠得很近。看到领队的骆驼停下来了,后面的骆驼也停下脚步。骆驼真的很伟大,在古代,人们用骆驼打通了许多国家的来往路线,同时也把中国的丝绸通过它们的背输送出去。

到了半山顶骆驼停下来,我们上去游玩,走沙漠真的要花平时的几倍力气。到了半山腰,就能听到,有人在那里吆喝着。我们也去体验了沙滩车,在漫天遍地的黄沙里,上下坡的刺激,能够激起我们的荷尔蒙。孩子们去骑了摩托车,骑完了一次还想再骑,这样的体验用一个爽字都不足以形容。

这个地方看看都是黄沙,可偏偏在一个角落里有一股清澈的泉水,

简直太美了。

（2018 年 7 月 10 日）

　　◎洞见：江南有江南的美景，黄土高坡有黄土高坡的风景。与孩子一起走出来，多了解中国文化，我们会发现中国文化的博大精深，源远流长。许多时候我们都一心往国外走，其实把中国游遍，深入了解中国，你会为自己身为中国人而感到自豪。

# 沙漠里创造奇迹

徒步走第三天的时候,到晚上还有一系列活动,比如篝火晚会、沙漠上迎崇德龙、歌唱各队队歌、烤全羊等。

沙漠的广场上,音乐声徐徐响起,慢慢地所有的孩子和家长从帐篷营地里走向活动现场。每一个队的桌子、凳子都已经摆放整齐,在沙漠上出现这种场景,是多么的难能可贵。

小朋友和家长一起歌唱徒步队歌,孩子们的童声和大人们的响亮的声音飞扬在戈壁沙漠的上空,现场顿时热闹起来。服务团队还不断地送吃的过来,在家平时不要吃的食物来这里后都吃了,而且还特别好吃。烤全羊上来了,尖叫声让我们打开了食欲,大家没戴手套就直接开始手抓羊肉。

等我们吃得很尽兴的时候,崇德舞龙开始表演了,孩子们精神抖擞地穿着舞龙服,用他们幼小的身躯,把崇德龙给举起来了。孩子们特别的老练,四年里迎龙灯,已经把他们训练得游刃有余,看到他们迎龙灯的场景,激动得眼泪都要流下来了。

崇德的教育,不仅教育孩子,还要影响父母。孩子舞龙结束,所有的父母参与其中,父母迎龙灯也是很神圣的一件事情。家长的迎法,可以用完全身的力气,五龙相合,金木水火土相生相克,总把龙头绕在里面不让龙头出来。林校长出来指挥,崇德舞龙表演达到了高潮。

场下欢呼声和呐喊声此起彼伏，响彻在黑暗的戈壁上空，舞龙的灯光，照亮着孤寂的沙漠。

舞龙结束，大家还在一起很尽兴地跳迪斯科，今晚注定是一个不眠之夜、难忘之夜，沙漠因我们的出现而不一样！

（2018年7月11日）

洞见：中国龙，崇德龙，龙的精神能够在孩子和家长身上传承下去，特别是在茫茫的戈壁上，是前所未有的。

无数个"第一"在这里出现：把校旗升在戈壁沙漠上，把龙的精神在戈壁沙漠上延续下来，让父母蒙上眼睛，孩子拉着父母在沙漠上行走，10岁的成长礼，203个人组成的庞大的队伍，林校长作为赛事主席每天都是跟在最后面，等等。

崇德威武，创造了沙漠上无数个奇迹，精进文化协会的有幸参与，让我们共同见证了这么多的奇迹，也是人生中值得感动的事。

# 致林刚丰校长

亲爱的林校长：

　　您好！请允许我这样称呼您，因为我觉得我们之间就像亲兄妹一样。您把睿森当成您的儿子一样教导着，小心翼翼地呵护着，他不断地在你的鼓励下茁壮成长。我看在眼里，感动在心里。

　　7月6日至7月9日，四天三夜里您带着我们203个徒步英雄，从戈壁旱峡沟到大铜像，徒步走到了终点。在这个过程当中，您创造了许多个"第一"。

　　每天您总是在徒步中穿梭着，不断地给大家鼓励，是您第一个拉着我往前走，也是您第一个两只手拉着手杖，使劲地拉着我向前进，是您第一个在沙漠中给我喝绿茶、吃榨菜补盐分，也是您第一个对我们母子不断地表扬……您在我的人生里留下了印迹，让我们在茫茫的戈壁里多了一份生的希望。

　　您就像孙悟空变戏法一样，一会儿走到前面去，一会儿又跟在后面，把整个徒步过程的情况看得一清二楚。每个孩子、家长在您面前都成了透明的，您对我们是多么了解。您每天护持到最后一个到达终点，所有的家长都特别放心！因为有林校长在，孩子们有力量，203位大人和孩子都以优异的成绩完成了徒步。

　　每到一个营地，您都第一时间到每个帐篷去慰问孩子和家长，关心

精
进
之
美

（永康市精进文化协会系列丛书）

他们徒步中的身体情况或者需要什么帮助，而且给予大家鼓励，一天也不落。因为有您无限的爱，我们还有什么理由放弃呢？

为了我们大家能够吃好休息好，您都要提前去安排菜品，总希望组委会的服务让大家都满意。每一天的活动行程，您和雕爷都用心规划着，视徒步中的具体情况有所调整。

有幸的是，本次徒步您与我们住同一个帐篷，睿森因为与您睡在同一个帐篷非常开心。本来是与我睡在一起的，结果每天都跑到您那里，与您并肩睡。我叫孩子抓紧起来，而您总是让他再睡一会儿。孩子第一天晚上很冷，不断往您身上靠时，您一次又一次地给他盖衣服和睡袋。只要与您睡在同一排的孩子，你一个个都照顾着，在您眼里都是您的孩子。

而您每天晚上都是最后一个睡觉，早上最早起来。每天您总是充满着激情，深深地感染着我们，让我们向前进。

很不凑巧，我们出发的飞机晚点了，到早上6点多才到敦煌的机场。一下飞机到出口，您又第一个站在那里迎接我们。

当徐老师告诉我，您徒步回来后发高烧，我心里想今天林校长应该不会来接我了。而当我们回来在园周停车场的时候，您居然又第一个出现在我们面前。

（2018年7月12日）

🔵洞见：林校长，您有太多的"第一个"在我人生里呈现。您影响了许多的家庭，让我们用爱的力量去影响下一代。

我们知道您背后付出了许多的艰辛。当别人不理解您的时候，您总是用包容和大爱来圆场。

谢谢您带我们去体验从未体验过的，您的勇气成就了我们。孩子和大人在若干年后一定都还会记得您这位校长！

# 有情怀的雕爷

　　缘起于精进文化协会,越来越多的会员参加了玄奘戈壁沙漠徒步。就因为这样的缘起,让我知道了许多和雕爷有关的故事。他是徒步活动创始人,让我对他有了敬畏之心。

　　雕爷想弥补对女儿的亏欠,把陪着孩子一起走茶马古道,作为送给女儿10岁的生日礼物。当他把消息发出去的时候,有几千个人回应,后来有几百个人跟着他一起走。其实雕爷也从来没有做过徒步的路线,这么多人要跟他一起走,他就去想办法把路线规划好,把工作安排好,就这样开始了他的徒步旅行。当他说到女儿的时候,眼睛就湿润了,坚强的他有一颗很柔软的心。

　　从2015年开始,每年女儿生日的那一天,就是茶马古道开始徒步的一天。刚开始是想陪女儿的,现在都没有时间陪孩子,雕爷都觉得对女儿特别内疚。

　　初次见他,是在酒店里集合的时候,刚好我的背包坏了,他马上就安排人员给我换了。彼此都没有介绍,但是我认出他是谁了。他解决事情的能力特别强,我心里对他还是蛮崇拜的。我虽然没有去过沙漠,但是觉得他的胆子也够大的,敢带这么多人去开发这样的一个课程,这中间要承担多大的风险和责任啊!

　　整个沙漠徒步下来,万里学院有强大的服务团队服务我们。车队浩

浩荡荡，有好几十辆，每一小段就有车子在跟着我们，哪怕我们有一点小状况，他们都能够及时知道。每辆车的驾驶员，路过我们的时候都会向我们竖起大拇指，大声叫："加油，加油！"

在我身边，总会有服务团队的人跟在边上，你走累了或落在后面，他就会过来问你："是不是身体不舒服？"天气真的很热，没有一处地方可以遮凉。他们的团队就会在各个路段，为我们喷水，能喷到水的那一刻，也是我们在沙漠中的幸福时光。

每到一个目的地，我们重得跟石头一样的驼包，他们专门有人到帐篷里来收，有时也会把驼包送到各个帐篷里。每天要换地方扎营，工作量是非常大的，连太空回收站（厕所），上完一次就要用黄沙填埋，省得有气味。厨房也扎根在这沙漠里，要做出几百个人的饭菜，垃圾从来不乱扔。在沙漠中要做到这些，真的不容易。

（2018 年 7 月 13 日）

◉ 洞见：雕爷把对女儿的爱，化为了对许许多多的人的爱。

在这四天三夜里，雕爷团队里的每个成员都用心服务着大家，细节做得很到位，让大家在沙漠中都能够感受到五星级的待遇，真是沙漠中的"希尔顿"。

看到雕爷经常跟林校长沟通到很晚，能够做出这样的亲子游，其实对万里学院也是相当大的挑战。但是雕爷敢于担当，因为他有情怀，希望能够帮助到更多的家庭和孩子。

精进之美
（永康市精进文化协会系列丛书）

# 少即是多

去敦煌之前，好几次问阿丹需要带什么东西，而我也准备了许多物资，总怕在戈壁上少这少那，一片荒凉的地方想想都知道有多不方便。

去了之后发现，带去的东西实在是太多了，根本用不着。本来万里学院发了两套衣服，心想这大热天每天都出汗，一天一套总要吧。结果有些伙伴四天就穿一套衣服，根本没有换洗过。

到了营地，每天我都累得腰酸背痛，习惯性地用湿纸巾擦擦裤脚，就算是换过了衣服，四天只换过一次。带去的两套睡衣，一套也没有换。每天晚上睡觉，直接穿着徒步的衣服就休息了！

四天不洗澡、不洗脚，大家相互还都不嫌弃，在沙漠上也就这么过来了。如果在家里，哪怕一天也难熬。

零食、保健品等一应俱全，可是到那里了什么都没有吃。许多家长带了很多零食，生怕肚子饿着。等行程结束要回来的时候，许多家长觉得既然都把零食带来了，总不能原封不动带回去吧，干脆把零食全部分掉。

每天晚上休息，当我躺在睡袋里的时候，心想，带了这么多东西，很多都没有用上。平时要这个要那个，永不满足。在沙漠里，睡觉只要睡袋大的一个地方，一个大帐篷能够睡12个人。而在老家一套房子600平方米，只有几个人住。沙漠上那么一丁点儿的地方，也照样把生活起居给安排妥当了。是我们要得太多了吗？

（2018年7月14日）

◎洞见：想得多、要得多都是心里的投射。我们选择的时候，不是选择重要的东西，而是必须要的东西。戈壁沙漠徒步的生活，让我明白了少即是多，你只要用那么少的东西，就可以把生活过好，所以少其实就是多。如果带多了，反而成了负担。人生路上只有想得少做得多，才能轻装上阵，反之想得多做得少，就会负重累累。

精进之翼

（永康市精进文化协会系列丛书）

# 沙漠帐篷里的分享会

　　第三天徒步，由秘书队王美强领队，他时刻关注着最新的动态。有走不动的就上去拉一把，给走得动的做工作，让他帮助别人一起走。郎律师脚痛，萌萌和子豪这两个孩子特别有爱心，一直守护在郎律师身边，搀扶着他往前走……

　　所以第三天在领队的带领下，我们提前完成了任务，早早回到了营地。

　　我们精进霸王龙队，是本次活动最庞大的一支队伍。晚上休息，组委会给我们安排了2个帐篷。今天还是与往常一样，脚下的水泡又多了2个，加上昨天已处理的4个，脚的疼痛让我躺在帐篷里不想动弹。

　　郎律师过来叫我们，说我们团队在对面帐篷里的分享会开始了。我马上蹑着疼痛的脚，一跳一跳地蹦过去。萌萌用她18岁少年的激情，主持这场在帐篷里的分享会。大家坐在防潮垫上，土地承载着黄沙，没有照相机，没有话筒，没有音响，没有投影，没有桌子，没有凳子，没有纸和笔，没有了我们往日在浙江开会时所需的物资，但别有一番趣味。

　　虽然是同一个活动，但是每个人分享出来的感悟都是不一样的。能够带着家人一起出来，放下公司所有的事务，来到没有信号的戈壁。能够到这里的人都冲破了重重的障碍，在沙漠里创造了无限的可能性。

　　我几次哽咽，感谢伙伴们用他们的身驱，在最艰难的5公里把我抬出

来。前方的路很难,真的是没有退路,只有永不放弃,团队形成合力,才是唯一的出路。

过了一会儿,雕爷来找林校长,他也被我们邀请作发言。我第一次听到一位做父亲的对女儿爱的表达,因为雕爷10岁女儿的成长礼,才有了这次徒步活动。本次活动参加人员203个人,光万里学院的服务团队就有200个人,在沙漠中一对一的服务,我是连想都不敢想的。

(2018年7月15日)

◎洞见:今天戈壁沙漠上的分享会,有林校长和雕爷两位传奇人物出现,他们的精神能够照亮一群人。

每个人分享的时候,其实就是重新梳理了一回,越分享,越明白,也越有收获。茫茫戈壁沙漠帐篷里的分享会,只要有心,每个人都能够拥有收获。

精进之美

(永康市精进文化协会系列丛书)

# 我们在一起

今天中饭时间，我到了公司。今天下午要开会，晚上还有学习会、三欣会。华姐看到我，马上来拿东西，得知我中午没有吃饭，安排阿芳给我烧东西吃。

到办公室一看时间12点，已是大家午休的时间了。想到有个单子比较急，还是打电话把张厂长叫醒，一起商量如何完成任务，并把相关的人员一起叫来探讨。他们的午休泡汤了，其实我自己也很累，很想睡觉；但是有团队在一起就不一样，他们能让我提神醒脑。

下午两点半会议开始，上月总结、月计划、半年度计划的报告，对相关数据进行分析和总结。时间过得真快啊，2018年大半年已经过去，成绩不尽如人意。但是我们都要积极面对，不断提高质量和服务水平，这得到了所有管理人员的支持。

到了吃晚饭的时间，我和所有的员工一起吃快餐，准备晚上的学习会和三欣会。会议中笑声、掌声围绕在我耳边，带走了我平时心中所有的累。我给每个伙伴送上了一本《爱的教育》，愿这本书能够影响他们的家庭。

（2018年7月16日）

❀洞见:人在一起不是团队,心在一起才是团队。走心才是最关键的,如果各顾各的,永远走不远。只要团队所有成员心在一起,目标一致,持续学习,我们定能走远。

# 九龙谷半日游

春天队举行夏季的活动,在申队长和春天队智囊团的共同组织下,精进几十个人浩浩荡荡地来到了武义的九龙谷。迎接我们的是申队长,他马上就告诉我们接下来的行程:"我们漂流的时间是最后一批了,大概下午4点钟,还要等待一个多小时。九龙谷漂流最惊险刺激,漂流落差180米,河道长3公里,而且经过精心设计,应该非常好玩。"

看看九龙谷的环境不怎么样,但是申队长一介绍,我们心里充满了许多的期待。因为许多伙伴在一起,连等待的时间也是那么开心。很快就到了漂流的时间,我与儿子同坐一条橡皮艇,怎么划对我来说很是陌生。划不动,我们就借助别人的力量,让橡皮艇靠近出发口。许多年轻人已经开始打水仗了,尖叫声、呐喊声在一片混战中喧嚣着。年轻真好,出来玩我们的心态也会变年轻。

漂流者开始往下坡走,每走一艘就留下了尖叫声。我和睿森也不例外,那个落差点真的是挺深的,连续好几个落差让我的心跳急速加剧。这是我漂流过的最刺激的一处。孩子也说,这里的漂流实在是太爽了,还想再来一回。

（2018年7月17日）

精进之美

（永康市精进文化协会系列丛书）

洞见：其实漂流的那一天，因为我刚徒步回来，人特别累。想到组织者不容易，每次活动前期都做了许多的工作，再加上起码有5年没去参加漂流了，所以就报了名。每去体验一个地方，都值得我们回味，如果不去，人生一切空白。真正的学习就是去实践中体验，这样阅历才会更丰富。

# 停车难

虽然才早上9点,但我知道妇幼保健院应该是没停车位了。为了给小宝开药,我叫上阿姨,开车到了医院,果然被我猜中了。

我在停车场里绕了一圈,许多车挤在一起,我就顺便又把车开出去。刚要开出去的时候,见我的左上方刚好有辆车要开走,我心里想:马上开出去掉头回来可以停进去。没想到我后面的驾驶员看到了,直接抄小路停好了车,我的计划泡汤。

我只好慢悠悠地开着,后面有两辆车子火急火燎地停下来。保安过来责备我车子不该停在这里,害得后面的人停下来。我其实没停,只是放慢了速度,等阿姨出来,今天出门时阿姨没带手机。

事与愿违。小宝的药开好了,我连车位都还没有找到。家人坐上车的时候,前面一辆陆虎突然停下来,车上的驾驶员——一个女孩子气冲冲地走了。这下可真为难我们,走不了了。后面的车辆排着长队,按着喇叭。我看到保安把驾驶员拦住,他们在争论,我也从驾驶室里出来,去看个究竟。

因为没有停车位,驾驶员产生了情绪,责备门岗,没有车位就不应该放进来。公说公有理,婆说婆有理。我连忙与驾驶员搭话:"我也找车位找了好久,你的心情我能够理解,大家都想早点看病,偏偏车位找不到,情绪失控。你看后面这么多车被堵,先开出去吧,影响大家总不好。"我

连忙拉她上车,让她把车开走,她很配合。

(2018 年 7 月 26 日)

洞见:现在出门找个停车位真的很难。当对方有情绪的时候,站在自己的角度,很难解决事情。我们要找到突破口,理解对方,再讲利弊。

精进之美

（永康市精进文化协会系列丛书）

# 同一天生日

今天是我大哥和我的大儿子海帆的农历生日,也是我母亲和我的受难日,很凑巧的是刚好今天他俩都在永康。大哥在美国上学的女儿也回来了,今年也是近两年来家人在一起最齐的一年。昨天下午我就约好家里人,订了包厢,今天去爵士聚餐。

我大哥是一个比较低调的人,常年在外,很少在一起过生日。而且,大哥从来不收我的礼物,有时即便买了也要送回来,总是尴尬收场。他总担心我们经济不宽裕,不想让我破费。

自从我办企业以来,大哥帮了我不少忙。如果厂里有事,他陪我担惊受怕。8年来,每次银行转贷款,他都给我按时还回去,让我减轻了许多财务上的压力。连续许多年,正月开工,大哥总会打电话来,问我买材料的钱够不够,要不要给我先汇些过来。每次问大哥借钱,大哥总是特别爽快地答应:"好的,好的,我叫小尹马上给你办。"

许多时候,在外碰到困难,我总是找大哥商量,他总能给我方向性的决定。每每想到大哥对我的支持,无形中便给我许多前行的力量!

儿子海帆,是我这辈子觉得欠他最多的人。在他很小的时候,我忙于创业,对他有许多疏忽,学业上、生活上基本没怎么关心过。在他10岁的时候,都是他自己去妇幼医院看病的,过早地让他学会了独立生活。

这也导致孩子比较叛逆,很有个性,也有自己的主见。小学、初中、

高中读书都不怎么用心，到高三最后一年了才发奋读书，结果考了全校第一名。上大学的时候，也很争气，大数据课程的老师还让他给同学上课，毕业后，海帆在杭州找了一份好工作。

海帆长大后，他的同学们也都喜欢找他商量事情，他成了别人心目中的男子汉。这让我这个文化程度不高的老娘，脸上添了许多微笑。

（2018年7月29日）

🌸洞见：今天是我生命中最重要的两个男人的生日。大哥一生中创造了许多奇迹，积累了无数的财富。他总像大树一样，为我们遮风挡雨，影响身边的每一个人。

海帆已经长大成人，今年有了属于他自己的第一份工作。这几年的表现让我看到了，他身上多了许多的自信和自主。因为大儿子的生日与他舅舅同一天，所以只要儿子生日，我就记得给大哥送上一份祝福。

第
八
辑

八
月

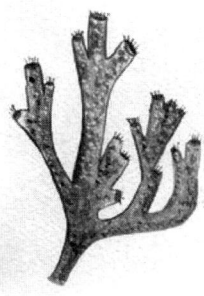

08 AUGUST 2018

| MO | TU | WE | TH | FR | SA | SU |
|----|----|----|----|----|----|----|
|    |    |    | 1  | 2  | 3  | 4  | 5 |
| 6  | 7  | 8  | 9  | 10 | 11 | 12 |
| 13 | 14 | 15 | 16 | 17 | 18 | 19 |
| 20 | 21 | 22 | 23 | 24 | 25 | 26 |
| 27 | 28 | 29 | 30 | 31 |    |    |

# 羡　慕

昨天是夏天队队长陆平组织去武义双溪口村的活动日,庆祝八一建军节。所有的军人为保卫祖国、维护广大群众的利益,付出了他们的一切。我们用脚步感受历史,没有军人就没有我们今天的和平,我们要珍惜活着的每一天。

陆队长和翁常金为了今天的活动,已经去活动现场踩点了两次。活动内容有:

1. 野炊、烧烤(自己动手)。

2. 徒步无人村(来回三小时,自愿选择)。

3. 沙漠徒步分享。

4. 晚上住帐篷、篝火晚会。

5. 露天电影。

活动安排得井井有条,组织者为每次活动都会付出许多,承担着许许多多的风险。但是他们主动担当,愿意为更多的人留下许多美好的体验。

(2018年8月2日)

精进之美

（永康市精进文化协会系列丛书）

洞见：我临时有事没有参加活动，看到他们从武义发回来的照片，真的很羡慕。带着孩子和家人享受大自然，远离城市的喧嚣，回归最朴质的生活。孩子们与父母在一起，玩玩水，抓抓鱼，看父母亲自为大家动手烧大锅饭，大家一起吃大锅菜，这样的快乐生活也是我想要的。

由此我想到企业服务客户，不能光看眼前的利益，不同的客户需要不同的服务，虽然很难做到完美，但是要尽量去接近完美。不要因小失大，有些小细节没有做好，就会造成很大的损失。

# 机制面前人人平等

　　说到机制,就会想到精进文化协会的机制,公平、公正、公开,对所有会员一视同仁。有些人选择面对,有些人选择退出。对想要退出的人,我们理事成员会用心挽留,真留不住就送上最真诚的祝福,精进的大门会永远为你敞开。

　　如果协会没有机制,可能早就夭折了,走不了这漫漫的五年精进之路。人难免有惰性,不愿意受约束,一旦被约束就想获得自由。所以许多时候人是自相矛盾的,想成长自律,又不想太严格。为什么只要当过兵的,就会永远记住军人的生活。那是因为在部队的每一天都是那么具有挑战性,这成就了你以后的生活,而且让你永生难忘。

(2018 年 8 月 3 日)

　　◉洞见:机制面前人人平等。试问一下,现在的交通法规不是比前两年更严格了吗? 以前开车压线根本不用罚款,酒后开车似乎也没现在这么严格。所以,我们要遵守规则。

# 真朋友

肚子不舒服已有好几天，今天早上忍不住让闺蜜带我去诊所。一路上她就问我："昨晚上就应该跟我讲了，我昨天就带你去，你怎么还拖到今天？"我说："经常麻烦你们，我不好意思。"闺蜜有点不屑地反问："朋友不就是用来麻烦的吗？"不得不承认，我还是经常要麻烦她们，这辈子不能没有闺蜜。

等我快到家门口的时候，小华打电话过来："今天怎么没有活动呢？"原来，她又开始想念和我在一起的时光了。挂了电话，她又跑过来陪我喝茶，吃手擀面。有朋友的日子，时光总是过得特别快。

昨晚无意中想起了金华的汪大哥。我们搬新房时花园里的罗汉松、茶花树、桂花树，都是汪大哥送给我的。每次在茶室喝茶，一眼望过去就是郁郁葱葱的罗汉松，颇有一番姿色，总能吸引我多看几眼。

与小华在聊天时想到了汪大哥，马上拿起手机查了电话号码，迅速打过去，电话那头是忙音。过了一会儿，电话打过来，熟悉的声音我一听就听出来了。我让大哥猜一下我是谁，过了几秒钟，对方说："是小颜吧！前两年我的手机在充电的时候爆炸，后来连电话号码也没有导出来，如果你不打来，我真的联系不到你。你现在在干吗呢？"

我说："我与朋友在喝茶。"

汪大哥说："你喜欢喝什么茶，红茶还是普洱茶？我买了60万元的茶,有冰岛有红茶,你喜欢什么茶我送给你。你的企业还在武义吗?我过几天来看看你,顺便去看看武义农庄的特色。我在金华搞了一个观光旅游园,省里已批好。"

我顿时来了兴致,大笑着说:"什么茶都给我送一点。哈哈哈,这些年我邀请你很多次,你都没来,这次你来我要带你好好转转。"

(2018年8月10日)

⚫洞见:有朋友真好,在你寂寞的时候,他们总能相伴左右。认识22年的汪大哥,不知帮了我多少事情,只要他办得到,绝没有二话。他对我讲的每一句话都带着深厚的情谊。朋友不在于多,而在于真,以心换心,真情永在,再远的距离也阻隔不了我们的友谊。

精进之美

（永康市精进文化协会系列丛书）

# 回来了

今天是小宝从泰国清迈学习归来的日子。出发前本来与大宝约好，回来的时候直接去杭州，让大宝带小宝玩两天的。结果大宝要回永康，临时改变了行程。小宝昨天有点小失望。我马上打电话跟他解释，他知道哥哥在永康等他，也就打消了顾虑。

大宝拿着鲜花去接小宝回家时，我在门口大声说："欢迎回家。"我拿着手机先拍照留念，后发朋友圈。小宝手中捧着礼物，开心地跟我讲："我给你们买礼物了，妈妈、哥哥、阿姨、仲博、宝宝，还有我自己，给哥哥的礼物已经放在车上了。"

他老舅看到朋友圈，小宝没有给他买礼物，开玩笑地发了信息："我发现这个小宝忘了他老舅呢？"他俩关系不一般，我哥经常能营造许多气氛。

出乎我的意料，这次出发前，我也没有叮嘱孩子要买礼物回来。可五年级的小宝居然还能想到买礼物，说明他真有长进了。

（2018 年 8 月 11 日）

◎洞见：小宝从清迈回来，还记得给自己的亲朋好友买礼物，说明他懂事了。希望孩子把在外面学习的知识好好总结，用到今后的学习和生活中，超越自己，帮助他人，做一个充满爱和善良的孩子。

# 暑　假

　　上学的学生每年有两个月的暑假,生活条件越来越好,所以父母都想尽办法,利用这两个月的时间带孩子出去旅游。

　　协会里会员写的旅游日精进,让我们大开眼界。只有走出去了,才知道世界之大、无奇不有,想要有丰富的阅历,就得不断地去世界各个角落体验。

　　今年的暑假我与孩子参加了沙漠徒步,挑战极限,战胜了自己,走出了茫茫的戈壁,获得了友谊,明白了许多的人生真谛。回来后不久,小宝与小伙伴一起去泰国参加吴老师的少年中国班。

　　今天也不例外,小宝和柳圣昨晚上就约好的,今天柳圣要睡在我家。孩子们能够得到爸爸妈妈的同意在外面住,心里不知道有多开心。小宝更是如此,只要有小朋友来,都要留宿,走时还要留下离别的眼泪。

(2018 年 8 月 15 日)

　　◎洞见:暑假里,小宝和伙伴们一起成长。暑假的时光,总是因为体验和挑战,变得丰富而美好。

# 给儿子睿森的一封信

亲爱的睿森：

　　见信好！

　　当你见到这封信的时候，你已经参加小小总裁暑假特训营好几天了。这是你参加学习最多的一个暑假，7月5日参加了崇德学校举办的戈壁徒步夏令营活动，7月29日参加了在泰国清迈举办的少年中国班，8月19日又参加了小小总裁暑假特训营。

　　两个月的暑假生活，睿森宝贝大概有25天参加了学习。每一次的体验学习，我都知道你很辛苦很累，但你回家后从来没有抱怨过一句，你是妈妈见过的最有正能量、最爱学习的小朋友。

　　那天柳陈艺函在你不在家的时候问我："干妈，你让不让睿森跟我去上小小总裁班呢？"我说："等小宝回来问一下他。"结果之后几天我忘记问你了，直到8月18日早上问你，你说很想去，并打了柳丹阿姨的电话，准备好行李，再次开启了学习模式。

　　你出门学习的时间，都是我最想你的时候。只要你在家，电视机、手机的问题都是你帮我解决的。每天晚上你会给我冲好酵素送给我，两个手机的电都是你睡觉前帮我充好，你会一趟趟跑到楼下去水果。你自己的生活起居都是阿姨照顾，可是你在家里总是能够照顾好妈妈。许多时候我会捏捏你的小脸蛋，说你是我的小情人！

妈妈碰到生活中有不如意的时候，总会拿你出气，而你总是一次次地包容妈妈、原谅妈妈。当我对你说："对不起。"而你总是回应我："其实我也有错，对不起，妈妈。"你总是会给我许多的力量，让我在不懂如何做妈妈的路上不断成长。谢谢你，孩子！

阿姨在我们家有14个年头了，你和阿姨的感情特别好，经常写日精进会写到想念阿姨。平时虽然有许多时候对阿姨也很淘气，但曾经有一次你对阿姨说："阿姨如果你老了，去世了，我会到坟墓前陪你几天，跟你说说话。"你那么小就能说这样的话，把我的心都给融化了。

宝贝，你的人缘总是特别好，来我们家玩的小朋友，比妈妈的朋友还要多。无论是大朋友、小朋友来家做客，你总会把家里你认为最好吃的拿去分给客人吃，有些客人不吃，你会让客人带回去。家里带朋友参观的工作都是你负责，一楼、二楼、三楼看个遍，到佛堂的时候还会供水、上香、磕头给客人看。好几次，我记得早上没有在佛堂供水，怎么会有水供在那里？原来是你这个小不点带着同学雨睿一起供的！

8月19日早上出门学习时，我不断地叮嘱你："你在外面要好好地学习，用吴老师教你的方法，去帮助更多的小朋友，多付出、多沟通、多担当，当别人给你指出不足的时候，你要学会坦然地接受，积极地去改进。这点也是妈妈需要去突破的，我相信你一定能够做到。"

（2018年8月19日）

洞见：我承认这次让你去学习，是因为你在家太爱玩游戏了，还真不如出去学习几天，放下手机与小朋友一起体验不一样的生活。妈妈希望你用心体验当下的每一刻，活出你灿烂的每一天，做一个有自律、有爱心、愿意付出、勇于担当的阳光男孩！你的出现要像光一样照耀身边的人！世界会因为你的改变而不一样！睿森加油！

# 隔壁邻居

今天和几个哥哥去瑞金医院看爸爸。看到我们到来，爸爸连忙坐起来。哥哥还是跟往常一样，跟护工阿姨聊了几句，从聊天当中明显听出来，护工阿姨对爸爸有些怨言，说老爸对她发了好几次脾气。

没等护工阿姨说完，老爸就做起手势来，由于想讲话讲不出来，后来几个哥哥干脆拿笔让老爸写一下，很遗憾字也写不了了。老爸就带着哥哥去了另外的病房，里面刚好是我们老家的隔壁邻居，一起聊起了天。

哥哥跟老爸出去后，我还是留在了爸爸的病房，与老爸同一间病房的病友阿姨聊起来，阿姨每次都称赞我爸爸。今天她却告诉我："你爸自从隔壁邻居过来玩以后，心情就不好，我都不喜欢你那邻居过来玩。"陪护阿姨就接过话："你爸的朋友说你们兄弟姐妹不好，看都不来看他，还不如回家找个保姆，既能当照顾的阿姨，又能当老婆，在这医院有什么好的。"

陪护阿姨看我爸被他说哭了，她也很难受。听到邻居说个不停，她就叫隔壁邻居不要来了，还解释整个医院家属来的最多的就是我爸。

过一会儿，哥哥回到老爸的病床，说邻居抱怨，爸爸的这个护工不好。看来，哥还没弄明白事情的起因。但是我知道，这个阿姨护理我爸爸的时间最长，已经快半年了。以前是不到半个月、一个月，护工就做不下去了。

（2018 年 8 月 24 日）

● 洞见：隔壁邻居的出现让老爸乱了方寸，老爸又不能讲话，只能发泄情绪。隔壁邻居竟说别人的不是，护工、病友都出来打抱不平，因为这半年她们是有目共睹的，我们兄妹几个她们也都熟悉了。

讲别人是非是不厚道的，只有自己接触过，才能了解对方。如果只凭一面之缘，就可以断定一个人的为人，那真的是高手。

做人啊，还是少说别人的不是，这也是积善德。

# 形影不离

　　一个叫柳圣的小朋友，微信名是齐天大圣，他与我家颜睿森可以用形影不离这几个字来形容。只要与睿森在一起，就定要缠着妈妈让她同意可以到我家住，哪怕多待一会儿也行。

　　前几天，他们俩一起去上小小总裁特训营，前方许多照片传过来，我看到都是他们两个在一起。我昨晚忍不住打电话问柳丹，她告诉我："他们俩真是形影不离。排队也要排在一起，如果吃饭排队没有在一起，柳圣就跟睿森边上的小朋友换位置。睡也睡在一起，澡也一起洗。刚学习的前两天，有个朋友要带柳圣去上海玩，柳圣说小宝哥去就去，他不去我也不去！"

　　昨天毕业典礼结束的时候，柳圣就让他妈妈同意来我们家。回到家后睿森吃，齐天大圣也吃，睿森去拿东西他也就跟在后面，睿森去上钢琴课他也跟着去，睿森要给外公送吃的他也去……

　　今天吃早饭的时候，我忍不住采访柳圣："是什么原因，让你这么喜欢跟小宝哥在一起？""齐天大圣"回答："他很会玩许多游戏，还有许多创意游戏。小宝哥可以拿一张纸玩出很多游戏，用计算器可以玩半天，打扑克牌也能玩很久，我们出去玩能玩两个小时。"

（2018 年 8 月 26 日）

◉洞见：我采访柳圣得到的答案是，小宝哥挺会玩，原来借用别的道具也能让他们找到很多的快乐。柳圣所谓的创意游戏，如果今天没有与孩子交流，我还真不了解。无论大人还是孩子，只要志同道合，在一起都是很开心的。

# 感动人心

昨晚上有缘认识广州来的小方总，他是华姐的朋友。晚上的聚会将小方总介绍给大家认识，这次聚会是自从搬进新房以来最热闹的一次，到晚上将近11点，大家才散去。

初次见面，小方总给我带了好茶，因为茶缘我们相识；也从小方总那里，得知闺蜜对我的一片用心。

他说："会长您是华姐心中的偶像，在我没来永康之前，华姐一直都和我说有机会一定要介绍会长给我认识一下，昨晚终于见到会长本人，我也十分感谢华姐和猛哥。华姐千叮万嘱，小方总你什么都可以忘记拿，给会长带的茶叶一定要带过来！这是华姐的原话，为了这事还给我打了好几个电话。临上飞机时还问我，给会长的茶叶带了没有。可想而知，会长您在华姐的心中是多么有地位！"

小方总昨晚一进家门，就先给我送上一饼好茶。闺蜜知道他把茶送给我时，简直比送给她自己还开心。华姐说，方总从广州飞到北京，就为了请朋友吃顿饭。

我真心佩服小方总，换成我很难做到。

（2018年8月27日）

◉洞见：闺蜜的每字每句总是能够打动我的心，把我放在了如此高的位置，我受宠若惊。一个真心的知己，就是会毫无保留地把她最好的朋友都介绍给你，愿大家都能成为好朋友。

# 管理篇

我习惯一到办公室，就招呼各部门主管来向我汇报工作。郎总每次来办公室总会抱着许多整理好的资料，让我过目或者直接给我汇报总结好的重要事项。她还把每个部门需要整改的事项，让各部门主管亲自和我沟通。

昨天徐会计汇报了几个重要事项，让我明白，财务是越来越规范化，一系列新的财务知识的调整，让我有些措手不及。一沟通就有了许多风险管控，财务是一个特别重要的岗位。新增的标准流程很快就呈现出来，我车都没有开到家里，徐会计就发来叫我审核了。

销售部出去拜访，等她们回来的时候，其他几个部门已经沟通完毕。我马上叫上生产部与销售部一起沟通，刚好有个客户的新产品叫我们试样。我马上用敏锐的眼光，抓住产品的亮点，鼓励销售和生产马上开发。大家在一起，有什么想法当面沟通，一拍即合，然后约定时间运作起来。

汇报工作最关键的是不拘泥于形式，我们团队都已经养成习惯，各个部门岗位管理全部都是数据化。通过数据可以发现背后许多的问题，持续分析数据，公司的成本核算会越来越准，可以做到有效管控。

（2018年8月28日）

◎ 洞见：我在公司只要跟管理团队在一起，最喜欢分享的就是每个岗位需要完成的最重要的是哪几件事，以及如何规避风险和改善计划的可行性的建议。我们团队每个人只要一坐下来，都会带上自己的笔记本，把大家分享的事件记录在本子里，行政部马上打印出来，在微信群里公布每个岗位需要完成的工作。

# 别具一格的理事会

　　本次理事会轮到徐腾飞部长操办，上次会议约定放到淡竹开，带上孩子一起去露营的同时把理事会开了。徐部长为了这次会议，带上翁常金实地去淡竹考察了，落实了开会的场地和用餐等。很不巧的是，天公不作美，不得不临时取消，把他俩的心意化成了一种小遗憾，要到以后再去了。

　　为了本次理事会，徐部长后来跑了五六个地方看场地，最终选择了在唐先岩洞口村小白楼召开。今天当我到了开会的目的地时，眼前一亮。没想到乡下还能有一处这样温馨的小白楼，真是给这个村增加了几分色彩。后来一个村民介绍，这地方是中国美院的学生设计的，现在成了网红。非常遗憾的是，小白楼施工有些缺陷，许多地方已经有了裂缝。

　　本次会议也是到会人员最多的一次。会议围绕九月份的重点工作展开，年会前所有会员的走访工作全部落实。几个队联合举办中秋晚会，慈善部走进福利院陪老人过中秋……大家都是在奉献爱心。

（2018 年 8 月 29 日）

　　◉洞见：每月一次的理事会，不管轮到谁操办，他都会特别用心。今天的理事会，有了这么多人的参与，主要是徐部长花了许多工夫。同时打破了以往的模式，创造出了别具一格的风格，让到场的每一位都是收获满满。

第九辑

九月

September

| Su | Mo | Tu | We | Th | Fr | Sa |
|----|----|----|----|----|----|----|
|    |    |    |    |    |    | 1  |
| 2  | 3  | 4  | 5  | 6  | 7  | 8  |
| 9  | 10 | 11 | 12 | 13 | 14 | 15 |
| 16 | 17 | 18 | 19 | 20 | 21 | 22 |
| 23 | 24 | 25 | 26 | 27 | 28 | 29 |
| 30 |    |    |    |    |    |    |

# 暖　心

今天顺丰快递打电话给我,说有快递,是月饼。我马上让小宝去开门,收了快递。我想家里没有买过月饼,谁会送我月饼呢?

下楼一看,挺大一件物品,马上与儿子一起打开,最想知道是谁送的。里面留了一张贺卡,原来是三亚凤凰岛业主李哥寄的。

这封信自然而然让我的记忆回到了5年前。我与大嫂通过中介认识了三亚凤凰岛海洋之星度假酒店的李总,那时候还没有酒店的称呼。李总夫妻俩想租我们的房子开酒店,我和大嫂一共4套房子租给李总,也是当时第一个租给他们的租客。时光飞逝,这5年来海洋之星发展快速惊人,现在已经达到几百间房间的规模了。

虽然这两年经营的过程有些坎坷,刚好碰到去年"整改"和今年春天的"双暂停"。但是在海洋之星和业主的共同努力下,渡过了一个个的难关。值此酒店5周年庆典之际,恰逢中秋、国庆双节,普天同庆,李总特意为新老业主送上了礼品,两瓶装私藏酒和七星伴月礼盒一份!

(2018年9月2日)

◎洞见:当年我和大嫂把房子租给他的时候,我们是第一个出租客,真没想到他会做得这么成功。李哥的用心,值得我们学习,如何对待自己的客户,走心是必不可少的一条道路。

# 真可惜

前天晚上闺蜜说要带黑茶过来煮，我马上回复说："不用，我家里的黑茶放在这里都一年多了也没有喝。"昨天下午两点，我提前把黑茶煮上，煮了大概45分钟的时候，我把第一次煮的茶汤放到热水壶里，可小华一看这茶汤就有问题。但是过往的经验让我继续放水进去煮，第二泡煮茶汤还是一样，看上去还是死气沉沉的，没有了往日的光彩。

我还是不死心，把茶汤拿出来给朋友一喝，已经不是原来的味道了。心中带着许多疑惑，不知道为啥，前年很好喝的黑茶，今年怎么就翻脸不认人？

今天一早去茶室，还是想揭开谜底。我忍不住打开了放黑茶的紫砂罐里的黑茶，茶叶已经干了，原本茶叶里的许多金花也没有了当初的色彩。我一下明白了，茶叶因没有储存好已经报废了。我马上联系巧君姐，让她教我如何保存茶。学茶如同办企业，永无止境！

昨天下午当我把黑茶拿出来煮时，家里的森境植物净化器，本来空气是002的，刷一下飙升到169，增长了80多倍。我马上发微信责问王总，说净化器有问题，他回复我："是茶有污染。"我还很不客气地说："那是你送给我的黑茶。"闺蜜在一旁听了我们的对话，忍俊不禁，我估计他昨天也被我们说得一头雾水。同时也让我对森境植物净化器，对"植物净化，有氧更健康"的机器有了更深的体会，好机器连茶叶有没有污染都能察觉到,是净化器中的爱马仕。

(2018年9月3日)

◎洞见:昨天还责怪王总拿来的黑茶不好,当着那么多人的面说净化器有问题,我觉得太对不起他了。2016年10月底拿来的黑茶,刚开始煮的五六次都挺好喝的,后来就没有喝了。一直醒着放在罐里,差不多两年的时间,昨天的结果让我很失望。同时也让我明白了,醒出来的茶要快速喝完,储存条件真的很重要。茶好不好,很多时候看茶汤就能看出来。

# 一生必看的演出

精进之美

（永康市精进文化协会系列丛书）

大哥第一次带我来丽江是在2012年，因为时间的关系要带孩子去日本旅游，只待了两天就离开了丽江。时隔6年，再次来到号称艳遇之都的丽江，故地重游还是充满了陌生的气息。二哥来了四五次丽江，他强烈推荐我们去丽江千古情景区玩，那里有一生必看的演出。听他这么一讲，除了大哥没有去，所有的家人都去看演出。不看不知道，一看被惊到。

一进景区，热闹非凡。一切以快乐为主题的活动，呈现在眼前，我们好像回到了童年快乐的时光。家里人看到有玩水的，马上脱掉鞋子参与，连姑姑都不甘示弱走完了玩水的路线。余秋在玩的兴奋中跌入了水中，衣服、裤子、鞋子全湿了，笑声不断，让我们享受到了快乐的气氛。

演出开始我带着好奇心，主持人一句话开启了探索的旅程："从哪里来又到哪里去。"听完这句话，心里还是有些困惑，没等我思索明白，舞台上出现了壮观的灯光和雷雨天气山洪泥石流暴发的震撼景象，完全打破了传统演出的模式。故事的结局是在大鹏鸟的保护下，人们战胜了灾难，过上了平安幸福的生活。

沪沽湖有着江南水乡之美，舞蹈更优美。月亮出来了，阿哥阿妹踏着月光拥抱着一起往前走。

茶马古道任我走，男人走四方，女人在家等着心爱的男人回来。而男人由马陪伴着度过险恶的天气,大雨天还要把粮食送到人们的手中。路上经常有强盗来抢劫,他们为了粮食宁愿被强盗杀死,也不肯低头。

为了让人们能够过上好的生活,他们牺牲了自己的幸福,离开了心爱的女人。在雪域高原奔波谋生的特殊经历,造就了他们讲信用、重义气的性格,锻炼了他们明辨是非的能力。

我们无法知道赶马人的名字,但是知道马帮是他们不朽的名字。马帮代代传承,他们走过的路,也是丝绸之路的发祥地。

是成千上万辛勤的马帮,在古道上开辟了通往域外的经贸之路。

(2018年9月5日)

🌀洞见:千古情的演出,视觉、听觉、情感都颠覆了传统演出的概念,是一场令人目眩神迷的视觉盛宴。原来这是当地少数民族地区文化的传承和传播。无论是古代还是现代,许多故事里都有着动人的爱情故事,好像少了爱情的元素,生活就失去了光彩。

# 刻骨铭心

　　昨天晚上，大哥建议大家今天去大理洱海骑逗哈快猪，两个人一辆小毛驴。晚上睡前我和妹妹忍不住哈哈大笑，真的骑小毛驴去洱海吗？带着将信将疑，我们入睡了，一觉醒来是真的哦！

　　我一口回绝。我是真的骑不来，于是让大妹带我，从小我对这些东西略显迟顿，6辆3个轮子的小毛驴，带着我们往洱海出发。

　　大哥在十几年前就开宝马760的车，今天倒好，骑了快猪小毛驴，带着丈母娘游大理洱海。大哥穿着短袖，不戴帽子，不擦防晒霜，激情不减当年。二哥带着姑姑飞驰在洱海的海边，这两个哥哥绝对是搞笑派，我们只是随从。我忍不住说："这快猪是我在大理的保时捷。"

　　我们在洱海边留下了一路的欢笑声，自然界的美景尽收眼底，庄稼绿油油一片，如果不是开小毛驴，看到的景色就有限了。

　　一听到停车指令，6辆车齐刷刷靠边。大哥找拍照的点，每天都要进行一次集体大合照。一路上遇到不少拍摄的少男少女，原来洱海是云南拍照最美的地方。想要把方圆上百公里的洱海绕一圈，开快猪是不可能实现的。

　　回去的路上，坐在后面的我，身体酸得很难受。左手拿着手机导航，右手拿着帽子，4个小时后我自己到了酒店。大伙儿回来，还要去蝴蝶泉。二哥说只要开半个小时，我说什么也不相信了。

结果酒店离蝴蝶泉有整整27公里,来回他们又开了两个多小时。大哥回来后,身体被晒伤了,我们看着都心疼。

（2018年9月7日）

洞见:昨天也许是我们出来旅行最刻骨铭心的一天,骑着小毛驴带着家人游大理。骑久了,都骑怕了。大哥被我们评为最好女婿,能够带着丈母娘骑车6小时游完,不顾身体被晒伤,真心为他点赞。

# 从摔倒中成长

如果不是昨天就订好了票，约好今天与家里人一起去玉龙雪山玩，我基本上会逃跑。一早起来，看着天空下着雨，没有想停下来的意思，注定今天的雨中行程，会给我们带来不一样的体验。

2012年去玉龙雪山，因为天气不好，又赶时间，匆匆忙忙到此一游，没有到过最里面的冰川，带着一些遗憾。今天再次出发，天气还是雾气蒙蒙，细雨绵绵，冷嗖嗖的风在我身边打转，嘴巴不停地唠叨"太冷了、太冷了"。

我们首先玩了蓝月谷、玉液湖，二哥与我们分享："如果天晴的话，湖水特别美。"确实很美，如果不是下雨，我们会在这里玩很久。司机带我们吃完中饭后，就开启了玉龙雪山之旅。我心中充满着好奇，对这片神奇之山有了向往。

缆车把大家带到了山顶，远处一望还有很多楼梯要步行，我心里就开始打战。走，还是不走？上去了应该也没什么花头，走上去会很累，将近4700米的海拔，身体有可能会有高原反应。看着每个人手里拿着一个便携的氧气装置，无论男女老少不断地在脸上吸吸吸，心里就多了一丝丝恐惧。

马上调整心态，我来是为了什么？难道这几步楼梯就把我给难倒了吗？在家人面前做逃兵吗？每一个问号，都给了我前行的力量，让我把双脚迈开。

　　每走几十步，气喘吁吁的，好像气接不上来似的，难怪这么多人拿着氧气吸。我心里想放弃，知道下雨天爬上去也没什么风景可以观赏；可家人在一起又相互鼓励，看看68岁的姑姑走得还挺有劲的，那就走吧！走一小段就停下来歇歇，离目标还有100米的时候，阿姨就放弃了。就那100米是比较辛苦的，越近越累。我还是鼓起勇气，数着数字一步步往上走，走到50步的时候，实在走不动，靠着楼梯扶手让气慢慢顺畅起来。每次停下来休息，都会联想自己的人生，在企业和生活中，许多时候觉得累了，就放弃了，忘了初心；也许坚持到最后，结果会有所不同。

　　下山因为我没有听景区人员的话，不能穿鞋套上山下山。我就因为上山穿着没事，以为下山穿鞋套也不碍事。下山时，刚开始是左脚下去，右脚跟上，看前面的小尹跑得比我快多了，我马上学她一个脚一个阶梯，没走四五步，右手的氧气装置四分五裂地摔了下去，我的屁股连滑了四五步阶梯，一阵阵钻心的痛在我屁股上蔓延。旁人停下脚步来关心，问我需不需要帮忙，指出了我摔倒的原因：不该穿鞋套。我连忙感谢，自己坐在冷冷的阶梯上休息。后来把鞋套脱了，拉着扶手，一步一步往下走！

（2018年9月8日）

　　◉洞见：从跌倒中起来重新再走，让我反省，应该多听取别人的意见，不要盲目前行。一手雨伞、一手氧气装置、脚上鞋套，如此负重。碰到了障碍如何去面对？自暴自弃只能让负能量增加，只有积极面对才是出路。

# 分　享

　　昨天因为去玉龙雪山旅游，天气又不好，一直下着雨，手机就一直都没有用。到很晚的时候，我拿出来一看，有许多未接电话。闺蜜的未接电话就在其中，连忙回过去。闺蜜在那边连连说："丽江好玩吗？什么时候回来？冰岛茶叶已经帮你拿罐子装满了，好让你拿去喝。"

　　听得心里暖暖的，家里喝的茶基本上都是闺蜜提供的。因为喜欢喝茶，也让我结交了许多茶友，基本上每周日，好友都会聚在我家喝茶聊天。

　　到了晚上女朋友给我发来的茶饼的图片，并告诉我："红印与你分享，三泡茶与你分享。"

　　我由衷地感谢闺蜜，只要别人给她好茶，只有三泡也要想到我，多给的就更不要讲，都有我的份。

（2018年9月9日）

　　◎洞见：以前分享这两个字，许多时候出现在学习后面，把自己学习心得分享出去。如今在林校长和闺蜜身上，听得最多的就是分享好茶，好茶不能自己独乐乐，更多的是该众乐乐。

　　感谢闺蜜任何时候都记得我，基本上每次外出回来，都会为我准备好茶叶。

# 改变方法

今天下午收到语文老师伊伊的微信："睿森妈妈,睿森一直没有阅读打卡哦。"哎哟! 真忘了跟进,连忙向老师说对不起,今天务必进群打卡。

放学回到家时,请孩子与我一起喝杯白茶,再问孩子关于小程序学习打卡一事。因为这个学期增加了新装备,是在我不会操作的小程序上进行阅读、跳绳、英语打卡。

如果是按照以前用批评的方式与孩子沟通,结果会适得其反。今天我想还是换种方式,便用表扬的语气对孩子说:"睿森,你的阅读打卡是不是忘了,伊伊老师给我发信息了,让你要记得打卡,还表扬你的阅读是很棒的。"

孩子听了就笑呵呵地说:"吃完晚饭就开始打卡,妈妈你也要学会用小程序打卡,日精进也可以打卡的,我教你。"结果我们一边喝茶,一边嗑瓜子,把英语绘本先打卡了。

吃完晚饭,睿森马上阅读伊伊老师布置的阅读作业,并写下对看过的片段的理解,在小程序上打开后,再进去给其他小朋友点赞,可以获得金币的奖励。

(2018年9月14日)

精进之美

（永康市精进文化协会系列丛书）

❀洞见：虽然阅读打卡的任务老师已经布置了好几天，今天才开始完成，但是今天我忍住了批评的舌头，打开了激励的嘴巴。结果是意想不到的，孩子的积极性特别高，快速完成了好几样打卡。

孩子听说老师表扬他了，特别开心。许多时候，讲话的方式，还是需要变通，多站在孩子的角度考虑问题，母子关系才能更和谐！

# 土豆饼

    阿姨在我家已经有 14 个年头了，做得一手好菜，土豆饼、包子、金团名扬朋友们的心中。还依稀记得第一次请校长吃土豆饼，他给阿姨高度的表扬，还开玩笑："这土豆饼就算 50 块钱一个，我也会买来吃。"

    今天因为年会的事情，我请了几个朋友来家里吃中饭。土豆饼是我家的特色菜，所以今天还是以饼来招待他们。新朋友咬了一口饼时，都忍不住表扬阿姨做的饼好吃，还特别不客气地带走几个饼。

    朋友走后，我忍不住表扬阿姨："你买的菜的质量是比我们要好得多的，连买咸菜都要卖家洗过手才买，什么菜好，原来你心中都有标准啊。"

（2018 年 9 月 15 日）

    ◉洞见：因为阿姨会做许多美食，家里便多了许多粉丝，人气也超旺。我们家基本上没用山珍海味招待朋友们，最多的是土豆饼、金团、包子，这年头我发觉食物越土，越接地气。

# 见解独到

今天一早与郎总先去武义拜访客户王总。在拜访的过程中，我真的甘拜下风，真心佩服王总的管理水平。

王总专门负责销售业务，还负责生产采购和车间一系列的管理，是公司里最忙的一个人。今天当我们坐下来聊时，他开门见山，非常直爽地说出自己的想法，把所有合作的丑话先说在前面，提前打了预防针，让我们做好各项准备。

今天约我们上门谈合作，前几天王总就来我们公司考察过，说明他选择供应商特别慎重。他再三叮嘱我们："我们公司是没有采购费用和销售费用的，销售是老板自己，采购是我自己。我有时候去嵊县采购，当天去当天回，一天要走四五个公司，供应商请我吃饭，我都不吃的，宁愿自己花10分钟在外面吃碗面条。应酬时间可以用来拜访。我们公司的竞争对手同样去嵊县，要拜访许多供应商，他们就在那里住，到了晚上吃吃饭、唱唱歌、洗洗脚，无形当中采购成本就上去了，大家都不傻。

质量要保证哦，曾经有一个客户把我们公司要用的电机漆包线，每个价格少了两三元，质量却不合格。被我们发现后，就将他拉入黑名单。后来这个供应商找到了老板，说一个电机便宜10元，我也不动摇。为什么呢？因为电机是我们最重要的核心，何况又是新产品，谁也不敢保证新产品的质量。而且这个供应商之前又是偷工减料的，没有信用绝对不能再跟他继续合作。后来老板也听取了我的建议,没有合作。

　　我们的老外客户也有好几次要来公司,我们随时欢迎他们到公司的废料处去检查,铁皮不会少于0.7,我们从来不偷工减料。有些老外主动告诉我们产品的材料怎么偷,要把产品的价格压低,我们宁愿选择不做。所以我们现在所做的所有客户,都是很稳定的直接出口的客户,不转手的。你们跟我们合作可以放心,应收账款零风险,但是保证有质量,不偷工减料,涨价提前一个月,掉价也晚一个月!"

(2018年9月17日)

　　◉洞见:我与花姐听得目不转睛。走出王总的办公室,我们一路上表扬王总的做事风格,严把质量关,把质量当生命,把成本降到最低。他对一线生产的情况,了解得特别清楚。

　　无论外面怎么诱惑,也抵挡不了王总对公司的忠诚,不损害公司的任何利益。他对公司管理的独到见解,实在让我们佩服。

# 遇 见

今天是精进文化协会走进永康福利院的日子。在慈善部副会长王新如和部长徐美方的组织下，一次又一次的活动，创造出了许多的精彩。

因为今天上午有事情，等我到的时候，月饼已经发放完毕。伙伴们都在房间里陪伴着老人唠家常。本来想买方便面送给儿童部的，当我开车到华丰菜场的时候实在太堵，怕错过午饭的时间，于是放弃了，准备明后天再送去。

等我到的时候，已经开饭了。我被眼前的场面感动了，今天爵士布兰卡马总，带领团队准备了许多吃的东西，有发糕、蒸好的鸡蛋、烤包子、红薯羹、山药木耳等，分量还特别多。因为今天用餐的老人和孩子，总共有180多号人，比其他福利院足足多了四五倍。

还好今天去的协会成员有20多人，大家忙得不亦乐乎，面带微笑，把打餐工作进行得井井有条，保证福利院的每个人都能吃到4种美食。许多老人和孩子吃了烤包子，连连称赞。

烤包子的阿姨和阿红，看到我们都特别客气，每一次都是她们最辛苦，最晚走的也是她们。

（2018 年 9 月 22 日）

◉洞见：每一次的慈善活动都离不开爱心单位的支持。爵士布兰卡马总带领团队，许多次走进福利院，像今天，即使店里特别忙，还有许多上门宴，他也要把福利院的活动放在首位。还有鸿泰装饰王总，知道福利院有许多设施需要维修，马上派技术人员一起去参加活动，不怕脏不怕累。王总和马总一样，不要协会掏一分钱，主动承担公益事业。

精

进

之

美

（永康市精进文化协会系列丛书）

# 真的不能急

一年里虽然很少去挂吊针，但每次去，我都匆匆忙忙的，别人看到我都是心急火燎的，典型的急性子。

今天下午也不例外，看看时间已经下午3点40分，刚好孩子补写作业，还有一个多小时的时间。凑巧下午去清渭街拜访，可以路过老车站去熟人那里挂吊针。哪怕是争分夺秒，我都要见缝插针，尽量晚上不安排事情，在家休息。

做了试验针，确定打青霉素没关系后就打上了，护士说慢一点，我看时间快到4点了，偷偷摸摸把速度调快了点。第一瓶快要挂完的时候，人有些不舒服，我就把挂瓶的速度又调慢。当第二瓶挂上的时候，我看是一大瓶，忍不住就把速度调上去了，挂到中途的时候，两只手就开始发痒，不断抓，许多部位红了起来。我就告诉诊所的女护士，她马上说了一句："这是青霉素过敏，我先给你吃两颗药丸，你以前从来没有青霉素过敏过。青霉素的变化，真的是太快了，试验针做出来都没事，没想到一下子就过敏了。"

吃完药后，我想快点去接孩子，马上起身去车上，一坐上车我就发现自己不对劲了。脚上、手上、身上多处地方发红，忍不住去抓。脸上最明显，下巴、鼻子已经特别红，有些带紫色，嘴唇开始紧缩，有了发麻的感觉。这下我知道，真的是过敏了，整个人很不舒服，车也开不了。只能马上回诊所。快速打针、喝口服液,留下来观察,过了好长时间,症状才有所缓解。

(2018年9月26日)

　　⊛洞见:在我们的现实生活中,有些事情可以急,有些事情不能急。过往的许多经验,有时会害了我们。挂吊针,特别是打青霉素的,真的急不得;打慢些,过敏的几率就会低很多。

# 别人心中的林校长

　　昨天我在诊所打针的时候，刚好两个女性朋友看到我的车在那，就停了下来，走进来边陪我打针边聊天。好久没见面，总有聊不完的话，在聊天的过程中，就聊到了崇德学校。

　　当我聊到崇德学校的林校长时，说："这几天林校长都去上海学习了，是全封闭的，平时他没有时间学习，就利用放假的时候出去，昨天晚上11点才回来的。"

　　其中一个朋友的孩子也在崇德上学，她马上接过话题聊开了："难怪这么多天，校门口没有看到林校长的身影，我想想也是。应该出差了，看他的身体是不会生病的。如果不是出差，早上校门口，他就会在那里迎接孩子们。崇德学校的老师，真的很辛苦，没有爱心是干不下去的。"

　　我忍不住说："林校长有些做事风格，我们做企业的都很难做到，比如一早在单位门口迎接员工。而林校长几年来都是如此，难怪孩子们都很喜欢他，我家小宝对他都没有一点距离感，像亲人和朋友一样。"

　　孩子在一二年级时，会比较轻松些，但是在四五年级时，学习任务就开始加重了。今年5年级，孩子做作业要到10点左右。老师关注，家长也必须跟上，只有学校、老师、家长三方一起，孩子才能养成自觉性。

（2018年9月27日）

◎ 洞见：一所民办学校，在创新的过程中，注定有很多的曲折，受到很多的评论。林校长与我们总是在一起品茶，因此对他比较了解。林校长真的特别热爱教育事业，并不断学习，持续创新。我相信他一定能够把崇德学校的教育水平搞上去，成为教育行业的改革先锋。

# 你快乐吗

今天一早，当我看到鱼池里的锦鲤自由自在地玩耍时，有感而发，写下我要表达的想法，发到了朋友圈："鱼池的电终于可以正常了，看到鱼儿能够自由自在地游，我们也能像鱼儿一样自由地穿梭在生活中，那该多好。放过自己，等于放生！"

微友给我点了赞，聊聊心声，感叹一下生活的不易。平时每个人都只看到别人光鲜的一面，内心深处却隐藏着许多的烦恼，想快乐也快乐不起来。身上穿着世界品牌，表面上看容光焕发，内心就像地摊上的衣服，让烦恼占据了整个心灵。

今天我与朋友分享的同时，也问自己："我有多少天是开心快乐的，多少天是烦恼不断的？我们都习惯于不断地向外面争取，导致生活中出现了许多不如意。"

（2018年9月29日）

◎洞见：我觉得成功的定义不应该以财富多少来衡量，而应该以快乐多少来权衡。如果有钱却不开心，又谈何幸福人生。

# 酒文化

今天晚上到朋友家吃饭,她是进得了厅堂、下得了厨房,烧菜响当当、企业棒棒糖的这么一个优秀人士。跟她一比,我差远了,不会烧菜,人生少了不少乐趣。中午琴姐为我亲自下厨,做好吃的,一家人等着我吃饭,心里真的好感动。这一天用餐,都在朋友家里解决,没有阿姨的日子只能到处流浪,但是过得也蛮充实的。

吃完晚饭大家坐下来喝茶聊天,朋友聊起了他家的酒文化。他们一家都特别爱喝酒,经常与朋友聚会,一喝就喝到深夜两三点钟。

稀奇的是,他能够和自己的兄弟、爸爸妈妈一起,喝到半夜三更甚至天亮。妈妈已经77岁了,只要儿子回家吃饭,总能趁他们不注意把一碗一碗的酒给倒满,到后来也拿起酒与儿子们干杯。一家人因酒而乐,生活和美如酒。

（2018年10月4日）

洞见:对于喝酒我是外行,哪怕别人在我家喝酒,我也是很快吃完饭就站起来离开的那种。知道喝酒会让气氛更好,但是我从来没有听说酒文化在一个家族里如此根深蒂固的。

# 说到做到

9月30日，精进文化协会举行第一届第十四次理事会，由杨宜敏副秘书长负责，放在了铜琴石斛基地。如果不是所有理事成员一次次用心选址，那我会错过许多意想不到的风景。石斛基地是宜敏的同学2011年的时候成立的，不对外接待，只负责接待自己的经销商。吃饭是家宴招待，燕窝、石斛汁当饮料，许多菜品里都加了石斛花和灵芝，挺新奇的。

本次理事会有些特殊，等于全部人员都有工作未完成，照机制每个人都有了不同的乐捐款。因为秘书长有事没来，所以会议由我来主持，如何处理未完成的工作和落实机制？我把这个问题抛出来让大家讨论，结果大部分理事成员斩钉截铁地说："必须照机制执行，刚好理事小金库没有钱了，开年会时也可以捐给协会。"

柳丹和宜敏自己算了一下需要多少钱，并快速把钱转给了爱筹。没有来参加会议的伙伴，知道后都非常乐意捐出自己的心意，还开玩笑："我要破产了，哈哈哈。"

（2018年10月7日）

◉ 洞见：说心里话，我为协会所有理事成员感到自豪，他们说到做到。

协会的工作是公益付出，没有任何一分回报。当月没有完成协会布置的工作，要照机制执行，乐捐出来的钱，用于理事会的相关开支，从不到协会去报销任何费用。

# 永康方言

前几天,在山上学习,永康一大批朋友在一起喝茶聊天时,杜总带头说了几句永康方言,他还问我们懂不懂。

这句方言是:"一串练树子,不如一个青皮肖。"这话,我第一次听说。有朋友说:"一串练树子,因为练树子是不能吃的,还不如一个青皮肖梨,梨子是可以吃的。"

琴姐公布了这句话的真正含义:"就算生了一大群儿子,还不如一个聪慧的女儿。"我就是想破脑袋,也不会想到这句方言还有这层含义。

关于方言,还有一则故事。

一个朋友说:"喝完酒,我都是自己开车回家的。"我嘴快就说他:"千万不要酒后驾驶,总有一天会被抓的。可以找代驾。"话说完还没两个月,有一天他酒驾后,又把别人的车给刮擦了。他喝得酩酊大醉的,还坐在肇事的地方,等交警叔叔来处理,结果被拘留了两个月。

"三个不相信,搞个稻干盖。"这句永康方言的意思,代表了我上面说的这个故事,同时朋友们解释:"如果有一件事情旁观者看了会出事,叫当事者不要去做,当事者不听,结果出人命了或闯大祸了。因为要出丧,还得路过每户人家的门口,永康当地的风俗,要搞个稻干盖送葬,省得魂跑进来,害得大家要去捆稻干。"

(2018 年 10 月 10 日)

◉洞见：永康方言，每一句的背后都蕴藏着深刻的意义。我相信，全中国各个地方的方言都有背后的故事。应该让孩子们多多了解本地方言背后的故事。

# 儿子送给我的礼物

离家多日，昨天从外面回来，门口多了许多快递。我连忙把东西放下，先整理所有的快递，因为有些快递不能耽搁，如果衣服尺寸不对的话，要快速寄回去退换。

当我拿起最后一个快递的时候，发现里面的盒子特意包装过，打开一看，原来是一个包。我根本没有买过包呀，不知道又是谁寄错了。这次我就不敢马虎，马上把快递单找出来核对，没有显示是谁寄的，但是明明收件人是我。我马上把单号拍下来，发给孩子，让他给我查一查。

儿子看到我发给他的单号，马上就回我："妈妈，是我送你的礼物，里面还有一支迪奥口红。这个是我叫同学代购的，要3000多元哦。"

孩子真的长大了，想到为父母买东西，而且是用他自己挣来的钱。

（2018 年 10 月 11 日）

◉洞见：感谢儿子的用心，对于你这样刚进入社会职场的新人来说，这份礼物是一份弥足珍贵的爱。谢谢你！妈妈爱你！希望你在今后的道路上，走出属于自己的一片天地！

# 换种方式

生活中、工作中，每天总会遇到各式各样的难题。一不对眼，我习惯性地就瞪大眼睛，鼻子冒气，嘴巴就像机关枪一样喋喋不休。性格太直，总会在伤到别人的同时，又严重地伤害了自己。做人还是讲话留些余地，给别人留一点舒服，这是我修炼的方向。

今天当我洗完头发的时候，我看看镜子里的我，提醒自己，脸上保持淡淡的微笑，不是挺好吗？生活本可以这样的，何必太认真。许多时候顺其自然就是最好的答案。多少逆境的出现，让我们痛不欲生，如果学会转换，把逆境当成最好的礼物，也许生活就不会如此糟糕。

我打开了手机，给自己留下了美丽的瞬间。听了发型师的建议，把微信头像也换了。我觉得这个建议挺好的，换种方式等于换种心情。

（2018 年 10 月 13 日）

🔘洞见：今天我终于把我用了好几年的微信头像给换了。其实看看以前的照片，每一张都有变化。愿我能够在接下来的日子，像今天这张照片一样，用淡淡的微笑面对生活中的每一个难题。

# 爱心单位

精进之美

（永康市精进文化协会系列丛书）

今年年初，我特意提出今年协会的开支比较大。秘书长马上说："精进沙龙冠名我来，让协会减少开支。"就这样，协会的爱心单位慢慢开始增多了，有红灯笼面馆、爵士布兰卡……越来越多的单位加入了爱的行列。

上个月去福利院时，看到孤寡老人的生活，心里总不是滋味。我们也会慢慢地变老，如果能够给别人多些关爱，世界就会不一样。于是，我马上打电话给美斯特公司老总伟华："这里有许多老人，你们公司的杯子看起来很不错，能否在重阳节的时候，给每个老人送一个啊！天气凉了保温杯挺实用的，可能需要180个左右。"

伟华马上回我："好的，会长，哪怕再加一个0也可以。"挂完电话，我可开心了。这几天在慈善部副会长的带领下，完成了好几个福利院送杯子的活动，给600多位老人送去了温暖。

（2018年10月15日）

◎洞见：帮助别人不是有钱人的事，而是有心人的事。只要有足够的爱心，我们都能提供更好的平台。

# 这一天

今天一早大家在约定的时间，来到玩美者美发店集合。在小哥的带领下，准时出发到新楼上塘里村，参加摘柿子活动和露天茶会。

等我们到的时候，陈涛正带领着茶友们在柿子树下朗读。当我们走在柿子山的路上时，大家嘻嘻哈哈笑声一片，享受着大自然的清新空气。连拍照都是那么随心所欲，好像回到了童年时代。

等我们从柿子山回来时，将近上午11点了，遇见巧君姐马上就问："茶席铺在哪里？"我们几个人就选在了巧君姐这边，伟华、巧玉、安安将茶席铺布置得特别有禅意，甚至把书记家的花花草草都用来装饰了。上塘里书记是挺好的一个人，尽最大努力为我们提供了方便。

许多茶友拿着自己的专用杯，走到我们的茶桌前，我们马上奉上茶，也希望大家能够多喝几杯我泡的茶水。虽然是露天，有许多的不方便，但是一丝一毫都没有减少我们对茶友的热情。

巧君茶庄为我们所有人都准备了点心、柿子、开水，一饼茶叶配上手工制作的茶叶套，就这样偷得浮生半日闲。

（2018年10月20日）

◉洞见：这一天，我们活在了喜悦之中。茶友们的相会，是一场茶的盛宴。每位茶友都把自己最好的茶分享出来，让更多的茶友品尝。

这一天，朋友们放下了手中的工作，大家一起疯，我们把欢乐留在了上塘里村，同时也留在了自己的心中。

# 温　暖

今天下午在家里约了许多朋友聚会，从刚开始的三四个朋友，到后来十来个好友。喝茶聊天，热闹非凡，好久没有这样了，有林校长在场，大家就特别聚气，一下子能量爆棚。

快到5点的时候，要送儿子去练跆拳道，小哥刚好在，我就让他帮我送一下，我能够在家安心陪朋友。快到6点半的时候，我一边招待客人，一边看手机，因为要接孩子。我与阿姨商量，要不叫跆拳道的杨老师帮忙叫下滴滴。阿姨说："你小哥说等下帮忙送回来的。"我说："我没有请小哥帮忙送回来，他怎么会送呢？"阿姨一直很肯定地说："你小哥亲口说的。"

等我联系好杨老师后，阿姨还是说："你再联系一下小哥，不然叫了车，他又去接，不是让他白跑一趟吗？"我觉得有道理，结果小哥确实把孩子给接回来了。

（2018年10月21日）

◉洞见：今天小哥主动把孩子给接回来，出乎意料，他看我忙就帮我主动分担。那一刻，心里特别温暖。

# 感恩有你

今天午休的时候，手机调静音了，等我拿出来看的时候，同个号码有四个未接电话。我打回去，原来是杨老师，睿森在学校不小心把脚扭伤了。

等我到操场的时候，看见杨老师一直陪着孩子，连忙去扶睿森上车。看见孩子走路一瘸一拐的，虽然有点受伤了，但孩子没有哭闹，我连忙表扬孩子的勇敢。

为了节省时间，拍片就跑到了朋友的医院，很快拿到片子。然后去陈医生那里就医，打石膏七天，吃药脚要放平。做完这些后，与孩子商量明天如何去学校。睿森想让大山老师背，发了微信语音，大山没回。

等我们从医生那里回来，杨老师又打来电话询问情况，我跟他说了明天上学的担忧。他告诉我："没事，明天你把车开到里面来，你打我电话，我下来背孩子。"

刚挂完杨老师电话，蒋敏老师打电话来，问孩子是自己不小心扭伤的，还是被小朋友碰伤的。孩子听到了我与老师的对话，马上叫着回复："是我自己不小心扭伤的。"

过了一会儿，大山老师回复了："明天几点钟到校？我到校门口来背。"

吃完晚饭，睿森的语文老师伊伊也发了微信语音表示关心。后来，林校长也打电话询问了孩子的受伤情况。

（2018 年 10 月 24 日）

◎洞见：崇德学校，感恩有你，感谢老师对学生那份无私的爱，向你们致以崇高的敬意！

# 这一天我永远都不会忘记

上个星期日，许多朋友来家里吃晚饭，因为请了爵士的大厨来烤包子，我就顺便叫小嫂也来吃，小哥我单独叫他基本不肯来吃。小嫂同意后，自然而然小哥也会来，她还带了许多自己亲手包的馄饨。

当小哥过来的时候，我们马上叫他吃包子。他却自己一个人偷偷跑到了阳台上，我发现他没和大家在一起，连忙起身去喊他。

他有点病恹恹地告诉我："今天我身体不舒服，不想吃，应该是感冒的原因。"

我关心地问："你去医院看过没有？"

小哥淡淡地说："看过了，下午刚打过针。"

他跟我说去医院看过了，我也没有多想。后来小哥从阳台进来的时候，在场的许多伙伴都发现他的脸色比较黄，都叫他要注意身体，有病一定要去医院，不要心疼钱。不久，他就去人民医院看病，当天就打电话告诉小嫂，因为病情严重，医生要他住院。

后来他住院了，就没有通电话。昨天晚上11点多，小嫂发微信告诉我情况，我因为已经睡觉而没有及时看到。直到凌晨4点多钟，小哥病情加重要上大呼吸机，小嫂打来电话把我叫醒，我才赶过去。

等我们再见到小哥的时候，他已经不会讲话了。我们让医生用尽了所有方法,抢救了3天,今天下午宣布死亡。

（2018年10月31日）

◎洞见:我们无法接受这样的一个事实,实在是太突然了,而且病情发展的速度,连医生都说几十年没有遇到过。本来连续几年,小哥都去崇德学校迎龙灯的。我永远无法忘记这一天,小哥永远离开了我们。

第十一辑

十一月

2018年11月

| 一 | 二 | 三 | 四 | 五 | 六 | 日 |
|---|---|---|---|---|---|---|
|  |  |  | 1 | 2 | 3 | 4 |
| 5 | 6 | 7 | 8 | 9 | 10 | 11 |
| 12 | 13 | 14 | 15 | 16 | 17 | 18 |
| 19 | 20 | 21 | 22 | 23 | 24 | 25 |
| 26 | 27 | 28 | 29 | 30 |  |  |

立冬

# 永远记住小哥

　　44年的兄妹情,到昨天为止,缘分已尽。活生生的你,从我家门口出去到医院,3天都不到,你就永远离开了我们。大哥伤心的泪水,我们看了都很痛心。

　　你忘了我们之前的许多约定,明年暑假我们商量好要去徒步的,我和朋友都说要帮你发起众筹,知道你这几年投资股市,行情不好。本来去年冬天打算一起去雪乡的,结果又因为我,临时取消。今年暑假不知道自己忙什么,答应孩子和朋友一起去淡竹,让你掌勺给我们做饭吃的……结果,一次也没有去成。你还答应我,股票行情好起来,赚钱给我花的。还有许多许多我们说好的事情没有完成,都成了今生的遗憾。

　　兄妹7个,就数我们俩见面的次数和时间是最多的。几乎每个周末,你在我们两家之间来回不少于5趟。每次只要出去玩,你都会带上睿森,学校每年的舞龙和万圣节,你带领全家支持,给我娘俩带来了许多的快乐。你儿子仲博的要求,你也总是尽量满足。哪怕孩子晚上想去乡下看外婆,你也百依百顺。这是许多人做不到的,而你做到了。

　　我家里的钥匙也只有你有,你可以随时来看我们,你来时我总喜欢叫你陪我喝茶、聊天。上周日叫你喝茶,是你第一次拒绝我,也是第一次告诉我身体不舒服。而我完全没有料到,你的身体被病魔折磨得这么严重!

精进之美

（永康市精进文化协会系列丛书）

我身边几乎所有的朋友，都认识你。都知道你特别喜欢美食和旅游，总是非常乐意跟我们分享哪里好玩，你是一个地道的向导。知道我要去泰国清迈，还特地跑到家里来，与我讲清楚，吃的、玩的、必须要去的景点等。

你烧得一手好菜。今年10月1日，在塘里你发小程总家，你为我所有的朋友准备了丰盛的午餐和晚餐。那一天，吃到你做的饭菜加起来有50个人，大家对你的厨艺都高度赞扬。没有想到，原来这是你最后一次为我们做饭。

爸爸住在瑞金医院，从星期一到星期五的早饭，都是你亲自给他送过去的。这么多天你不去，我们怎么瞒，你让爸爸会怎么想，接下来怎么过，他再也等不到你的早饭了。白发人送黑发人，爸爸情何以堪！

（2018年11月1日）

◎洞见：小哥，你的苦也许是受够了，对孩子的爱也用尽了，你的放手也许是给孩子成长的机会。小嫂与你生活的10年里，你们从来没有吵过架，你们的恩爱也是身边人的榜样。你在的时候，对你的思念没有这么深，而今这几天想得最多的就是你。从今往后，把对你的爱转换为对仲博和小嫂的爱，让爱延续下去。

# 空间整理

最近几天，花了一些工夫把家里上上下下全部整理了一遍。看了之后，自己觉得挺清爽的，不那么乱糟糟了，而且多出了一些空间。

今天整天在家整理衣柜，天气已经转凉，将夏天的衣服收起，秋冬季的衣服整理出来。该处理的物资，舍不得也得处理，因为许多东西已经不在有效期内了。

早上目送孩子离开家门，就开始整理酒柜，同时让阿姨整理厨柜，该送的送，该扔的扔。多少化妆品，买的时候没有注意生产日期，直销员会把快到保质期的给我，而我又不大注重细节。年初整理舍不得扔的，今天心态就不一样了，知道执着也没用了。于是说服自己，第一过期了，第二反正不用，第三放着占用地方。

每次整理衣服，我都会用老一套说服自己："十年不买衣服，也有衣服穿，可我还是继续买，总觉得衣柜里少一件衣服。"每个衣柜的最上面，打开一看全部都是空的，我把换季的一些衣服和床上用品就放在上面，这样就空出了许多位置。

（2018年11月8日）

❀洞见：用时间换空间，一个家的温馨需要整洁干净，如果长时间不整理，只会越堆越乱。整理的时候，我明白，不要浪费金钱，不买不需要买的，而要买肯定得买的。当有了合理的空间时，心情也会随之改变。学会整理，学会生活，从当下开始。

# 亲子活动

上一次学校的亲子活动,刚好我在外面,彻底错过。这次秋游去大陈村,扎染,挖番薯,走乡村的田野,看金黄色的稻谷,带孩子们一起回忆自己童年的味道。这次是全班参与人数最多的一次!

在朋友圈里经常看到,许多孩子去大陈村扎染,虽然已经去这个村好几回了,但今天所走的区域都是我平时没有去的。这才发现,大陈原来是挺大的一个村。对于扎染,我只听说过,非常陌生。因而对扎染充满了好奇:如何能让一块雪白的围巾,染上颜色和花纹?

染房的师傅,给大家发了需要染的东西后,再给大家一包工具,里面有夹子、橡皮筋、弹珠之类。刚开始看得很纳闷,不知道能派上什么用场。难道花纹就是靠这几样小工具配合吗?孩子们系上了围裙,听完师傅的讲解后,一个个有模有样。仲博因为做过扎染,流程就比较熟悉。睿森明显动手能力较差,我俩合作也只能是凑合。

带着孩子走在乡间的田野上,种地的大妈向我们吆喝:"快来挖番薯啊。"我从她的手里接过锄头,走向了番薯地。孩子们毫不客气地向地里锄去,一个个红薯向我们露出了身体,挖到红薯后的尖叫声、呐喊声盘旋在天空中。我们家今天可是大丰收了,除了给自己家挖红薯,两个孩子还不断帮助别人挖。

大妈家还有许多玉米,挖完红薯后,仲博跑向玉米地一口气弄了十

几个。等小表哥来的时候,他已经摘得差不多了。许多爸爸妈妈都加入了买玉米的行列。又是拍照,又是数玉米,10元能买4个。睿森、仲博勇于分担,最后三个人同心协力,才把今天的成果送上车。

（2018 年 11 月 10 日）

◎ 洞见:今天大部分时间都和孩子在一起,共同创造成果。大自然融为一体,色彩缤纷,尽收眼底。秋天是丰收的季节,也是凋谢的季节,许多树叶在这个季节里掉落。就是这样的季节,让我们看到事物具有两面性。

精进之美

（永康市精进文化协会系列丛书）

# 感恩大山老师

还记得上半年,孩子去广电中心排练舞龙的时候,有一位非常陌生的老师映入我的眼帘,外表特别帅气,有着军人的气质。后来孩子告诉我,这位老师是新来的,大家都叫他大山老师。

今年暑假,刚好大山老师来家访。这次家访,拉近了我们与大山老师之间的距离。回去后,大山老师表扬了睿森。

过了没多久,我们就去徒步了。在徒步的过程中,大山老师从我们身边经过,见我们非常吃力地往前走,马上接过孩子的背包,并鼓励我与儿子。

这学期开学不久,孩子在小店里吃东西,刚好把吸管往外吐的时候,一辆摩托车从外面开过去。孩子正好把冰块吐到了骑摩托车人的身上。对方下来找孩子理论,孩子向大人道歉了,可是大人不肯原谅,非要找孩子的大人说理。我坐在车上,因为协会的事情,当时心里特别烦。当我下去问孩子情况的时候,把负面情绪发泄在了儿子身上。不巧,大山老师开车路过,就把睿森带走了,让我先冷静冷静。

没过几天,刚好是周末,大山老师邀请我与睿森去钓鱼。我刚好有事去不了,孩子特别开心地跟着老师去了。老师发回了许多孩子钓鱼的照片。他们钓了许多鱼,全部往我家送,老师自己一条没留。

前段时间,孩子因为脚扭伤了,打了石膏。孩子想让大山老师背,大

山老师每天准时出现在校门口,背孩子进教室,还给孩子准备了拐杖。

(2018年11月13日)

◎洞见:虽然与大山老师认识还不到一年,但是我们家与他的缘分真的挺深的。他不断在我与孩子之间,架起一座座爱的桥梁。

精进之翼

(永康市精进文化协会系列丛书)

# 力量的源泉

　　好几次想见丁哥,都因有事错过了。今天下午约好见面,忙完排练便拉上阿华和美方一起前往,怎么都要上门拜访了。缙云壶镇与永康相距这么近,一别就是两年多,中间只通了几次电话,甚是想念与丁哥丁嫂一起在五台山的点点滴滴。

　　等我到厂门口的时候,丁哥已经出来迎接我们了。一个上市公司的老总,没有一点架子,还是那么和蔼可亲、平易近人。我把协会第一次在正规出版社出版的图书送到他的手上。他看后不断表扬,对这本书的价值给予了高度的认可。

　　美方说丁哥厚德载物,那是名副其实的,他为人处事没得说,许多人为他竖起大拇指。就光昨天一天,他捐出了三笔款,两笔30000元,一笔50万元。我们听后都傻眼了。

　　（2018年11月14日）

　　◉洞见:今天丁哥给了我这么大的支持,无形当中给了我无限的力量,推动着我往前走。这么多年来,只要我们组织去帮助别人的活动,丁哥从未推辞过。

# 身份证

好多年前，坐大巴、火车只要买了票，不用身份验证，有票就可以上车了。可以这么讲，以前的数据不全，用别人的身份证也可以走天涯。

而今时今日，身份证的作用很大。在这轮金融危机中，许多企业和个人，都陷入了债务的深渊中。法律法规对身份进行了很严格的管理，如果钱没有还，就上黑名单。这意味着，你有许多的不便，火车票、飞机票买不了，哪怕选择开车出行，也会危险不断。

前几天还听朋友讲，一个圈子里的人在高速上也被查身份证，因为欠债被行政拘留。曾经在家族里，他是如此辉煌。如今因为信用缺失，已经落魄到这种地步，可以说是寸步难行。

今天去坐动车，一个关口一个关口，查身份证验票，有些地方还要刷脸。随着高科技的发展，认证的手段越来越现代化了。

（2018年11月17日）

洞见：这轮金融风暴，身边的多少朋友被牵扯进去。许多企业到现在还是高风险，心惊胆战！黑名单变成了黑户口，限制了企业发展。

想要留一张纯洁的身份证，需要信用来支撑。人生难得，好好做人！当然一生中总有碰到难处的时候，无论多难，都要鼓励自己，一切都会过去的。

# 孩子的纯真

　　学校一年一次的感恩节活动,马上又要开始了。昨天班级群里开始报名,需要注明谁去参加。遇见孩子的时候,马上就问他:"今年谁去参加活动啊?"我马上补了一句:"要不叫外公去好了?"小宝快速回答我:"年纪大不方便的,最好不去。"我心里想,那今年叫谁去啊。

　　孩子突然冒出一句:"叫舅妈去,我还没有给舅妈洗过脚呢。"确实,一直以来,小嫂对孩子特别有耐心,还经常买好吃的给他。最近连睡觉,小宝都要与表弟和舅妈一起睡,所以孩子第一个想到的人就是舅妈。

　　今天上午我就把小宝的想法告诉了小嫂。她平时自己开店,学校要求参加活动的那个时间正是她最忙的时候,但是小嫂知道睿森的想法后,马上叫我报名,店里叫她姐姐帮忙照看。

(2018年11月20日)

　　🌀洞见:只要你对孩子好,他很快就能回应你。孩子的感情不带任何杂质,特别纯洁。做人多学学孩子,一哭一闹一笑而过,永远不记仇,一会儿就像什么事都没有发生过一样!

# 2018年年会致辞

尊敬的各位领导、各位来宾、日精进的家人们：

大家下午好！首先我谨代表精进文化协会对各位的到来表示热烈的欢迎和衷心的感谢。今天是日精进年会的大喜日子，想要说的话太多，却又无从说起。

2012年10月1日，我写下了第一篇日精进，便播下了一粒向上的种子，至今已经走过了6个春秋，2000多个日日夜夜。这其中有过欢笑，有过泪水，很庆幸我不是一个人，万幸你也在这里，感谢一路你我携手相伴，才有了今天的精进文化协会——一个正能量满满，一个文化味浓浓，一个朝气蓬勃的协会。再次感谢各位。

今天站在这里，我很骄傲。

大家手里都有一本书，这本《精进人的答卷》是我们第一次出版的图书，书里凝聚了150位家人的智慧成果。当我随意翻开一页，看着你们真挚的文字，一种莫名的幸福感便洋溢在了我心中。作为会长我真的骄傲，我相信不一样的姿态成就不一样的结果，不一样的姿态也成就了你我不一样的人生。

今天站在这里，我很欣慰。

在这个网红与偶像合二为一的时代，在这个阻力与压力并存的时代，在新常态下有坚持不懈的，也有随波逐流的；有挑战自我的，也有随遇而安的;有专心致志的,也有心不在焉的;有孜孜以求的,也有迷茫困惑的。好在我们这群人为了梦想心无旁骛,我们有一种永不懈怠的执着,无论在职场还是在商场,这份执着必能使我们在与生活的一路抗争中历经风雨并驶向终点。

今天站在这里,我很感恩。

日精进的家人们都是好样的,都是打不垮的。感恩你们的一路陪伴,让我们的力量更加壮大。要感谢的人太多了,今年我们成立了党组织,今年我们参加了宣传部组织的"永康精神大讨论",这些都是永康市委市政府对我们民间组织的认可,感谢各位领导;年初我们日精进组织了第一次海外游学活动,从活动初期的发起筹划,所有的理事成员便默默付出了无数的精力,再次感谢。

今年暑假日精进文化协会携手崇德学校开展了首次徒步之旅,这一艰难的行程,又是在大家的一路陪伴下,最终突破了重重阻碍,让人生有了不一样的经历。特别感谢崇德学校的林校长这些年对精进文化协会的支持,为我们出谋划策,让我们精进文化协会的文化味越发浓厚。为了2018年精进人答卷年会,筹备组所有的成员已经默默付出了几个月的时间。因为有你们,我们不一样。

今年我们能举办这样一场别致的年会,还要感谢广电局的同仁们,支持媒体永康日报、永康金报、永康电台,谢谢你们的付出,让我们有了这难忘的一天。

最后我想说的是,站在这里我很期待,期待明年,期待下一本书,期待未来更多的人加入我们这个大家庭,期待更多的感动。让我们一起奋斗,一同执着而行。

谢谢大家!

(2018年11月24日)

第十二辑

十二月

| MON | TUE | WED | THU | FRI | SAT | SUN |
| --- | --- | --- | --- | --- | --- | --- |
| | | | | | 1 | 2 |
| 3 | 4 | 5 | 6 | 7 | 8 | 9 |
| 10 | 11 | 12 | 13 | 14 | 15 | 16 |
| 17 | 18 | 19 | 20 | 21 | 22 | 23 |
| 24 | 25 | 26 | 27 | 28 | 29 | 30 |
| 31 | | | | | | |

# 致辞的心得

11月24日,这次年会是现场直播的,即便没有来到现场,也可以通过直播了解整场活动。直播从我上台致词开始,可能大家对我的关注度提升了,对我的致词记忆深刻。

我的致词从10月18日就开始准备,想说些什么,告诉别人什么,想传递给人家的是什么,这些都必须从协会的角度考虑,而且都必须是肺腑之言。到了11月4日确定致词稿后就没有改动过。接下来的每一天,我都抽出一小部分的时间去记,开车等红灯时像着了魔一样,嘴里念念有词。连上卫生间也要对着镜子先练习几次。想要脱稿就得付出精力。

开完年会到现在,许多碰到我的人都会夸奖我:"你的致词,脱稿都说得这么好,时间将近10分钟,还很流畅,真的很佩服。"

（2018年12月1日）

◎ 洞见:很感谢协会这么多年来对我的栽培,每次活动都有机会上台去致词。提前准备很重要,这样才有时间去练习;如果临时抱佛脚,那就是赶鸭子上架。我对每一次上台,都会做充分的准备。

说心里话,我能够站在台上娓娓道来,还真要特别感谢吴铭峰老师和林刚丰校长对我的点拨,他们的建议是少些江湖习气,轻松自如地道来就好。

# 送 茶

昨天晚上家里聚会的客人快要离开时,外面的门铃响了,打开一看,原来是大哥的儿子和儿媳来了,他们很难得晚上来串门。

每次看到大侄子带着他老婆来,我都挺开心。我是看着敏浩长大的。他为人善良憨厚,总是心疼我这个大姑,去吃饭也不忘给我带高干麦饼。他星期一到星期四都在上海,总是跟他老婆讲:你多去看看大姑,多关心关心她,最近她心情不好。

偶尔他一个人来,我听听他的心里话,他听听我的心里话。好几次,我们一起难过,一起流泪,一起破涕而笑,又一起相互鼓励。

知道我喜欢喝白茶,侄媳妇经常送给我白茶,一有好白茶就跟我分享。前几天就打电话来,说给我准备了白茶。昨晚,敏浩要回上海之前,还特意给我送过来。他们已经把白茶整饼分散出来,还特别选了精美的紫陶罐装好,要喝就可以随时拿出来喝了。一看就知道他俩特别用心,我作为长辈感受到了他们的孝心。

（2018 年 12 月 3 日）

🏵洞见:因为经常在朋友圈晒喝茶,久而久之,许多亲戚朋友都会送些茶给我。昨晚家人的用心,让我明白了,送礼还要送到点子上。

# 横山村

　　17年前,我到横山村办了个小公司,公司的郎总(花姐)是这个村子的人。因为这样的缘分,我们的心17年里紧紧地贴在一起。

　　今天中午,花姐邀请我公司所有的管理人员去她家吃饭、看戏。中午与应总约好洽谈业务,后来在花姐与应总的沟通下,应总也前往横山村与我们的管理团队一起用餐。

　　一年一个样,横山村这几年发生了翻天覆地的变化。所有的外墙进行了统一粉刷,公共设施齐全,有公园、散步的道路,眼前的景象就像花园一样,多姿多彩。我忍不住地赞道:"新农村,新建设,新气象,农村也可以这么美的。"

　　当年我曾经办公司的村办公室,还不到几百个平方。因为地方挤,晚上只能把产品放到外面。不知被卖废纸的人偷了多少。有一次我发现,刚拿出去的产品马上就没有了,追出去才知道原来有小偷。如今,这里已经成了文化礼堂。

(2018年12月4日)

　　🏵洞见:横山村是我梦开始的地方。从这里的小公司开始,我的事业逐渐扩大。感谢横山村对我的支持,感谢花姐的付出,让我们对新农村有了新的认识。

# 蜜罐保温杯

前天程总请我们一大批朋友去塘里吃好吃的,饭后美斯特保温杯公司的应董事长,邀请我们去她公司坐坐。

认识伟华后便用上了她家的保温杯,很快我对永康保温杯的认识有了非常大的转变。以往我对永康生产的杯子有成见,现在一用就迷上了,杯子保温效果好,轻巧美观又携带方便。一进办公室,伟华就给我们介绍几款新产品,颜色和形状都特别吸引人。

应董给我们介绍:"这款杯叫蜜罐,是一名年轻人设计的,理念特别前卫。来我们公司之前,这个小伙子已经去过武义、永康好几个保温杯公司。一拿出图纸就被老板拒绝了,说这种类型的罐子不可能做出保温杯,还给小伙子上了几个小时的课,叫他没必要开发这样的产品。"

后来这个年轻人找到了永康美斯特公司,公司应总看了觉得可以做。弧口设计,胖嘟嘟的杯体,一根带子在杯盖上,几种颜色搭配在一起,超级可爱,可以存放茶叶、燕窝、点心、水等。

当这款杯子做出来以后,有些厂家找到了这个年轻人,想跟他合作。年轻人毫不犹豫地回绝了:"美斯特公司支持我,为我开发新产品,我就跟他们合作,暂时不考虑其他厂家。"

我与在场的几个伙伴,都连连称赞这个杯子太可爱了。其中有两个伙伴是摄影高手,马上对产品进行拍照。回去后,我们把杯子送给了自己的孩子,他们也非常喜欢。

(2018年12月5日)

◎洞见:质量是企业的命脉,好的质量不愁没有销路,产品自己会说话,别人自然而然会找来。现在有许多知名的厂家找美斯特公司代加工。

对客户首先我们不要拒绝,接受就有机会创造奇迹。做别人没有做过的产品,才叫创新!

# 装修是良心活

　　说到装修，我心里就有一肚子的委屈。在这15年里，装修了三次，没有一次是让我满意的。其实，让我满意的标准很低，只要不漏水就好。

　　可是事与愿违，香格里拉装修完后，各个卫生间漏水，后来阳台漏水，直接导致主卧室和孩子的房间的墙面、地面都一塌糊涂。后来厂房要装修，刚好嫂子的姐夫找公司装修过，心想总比之前的装修公司要靠谱，再找老徐来监工，这下总该万无一失了。可没想到的是，情况更糟糕，住进去没多久，我的主卧室天花板就开始漏水，真的是让人哭笑不得。只要是有卫生间的，没有一个不遭殃，全部漏水。

　　后来的别墅要装修，是女朋友介绍的某某公司，我也就没去找过别的公司。想想做别墅的，总不会这么低级，没想到就像中了邪一样。

　　装修完已经快年底了，新房新气象。搬进去的第一天，厨房漏水，水漫金山。当时许多客人在，只能尴尬收场。因为是过年，所以开了地暖，几个房间的地板，全部鼓起来了，裂开了。

　　卫生间也漏水。过完年后找到"某某某"装修公司，他们的施工人员一副无所谓的模样："这个很简单，弄一下就没事了。"可就是迟迟不来弄，找到设计师，他说："老板说了你们尾款没付，要先付才来给你修。"我也很理直气壮地告诉他："刚交房时，我所有提出来需要整改的，你都没有改，这算交房了吗？"

后来一直耗着,找了他们好几次,装修公司才提出方案:先把两万多元钱放在中间人手上,维修好后从中间人那里拿。我也毫不犹豫地同意。可是,等啊,等啊,就这样又没有了下文,连一个电话也没有,拖了将近4年。

4年的漏水,已经使墙纸和地板的地角线全部腐烂掉。地板裂开的地方,实在没有办法,我买了块毛毛垫,垫在门口。

前几天实在没有办法了,才找鸿泰装饰王总帮忙维修下。他也一直不肯来,因为上家没有解决好,大家都是同行,很不好意思。可我执意让他派人来维修,昨天在我的再三恳求下,人来了。当他们撬开淋浴房的地砖时,地面全部都是水,本应该往水管里面流的,怎么会都在地面上?首先地漏处很高,导致流水不畅;同时防水出问题,看似做过防水的地面真的让人吓一跳,如同纸一样薄的防水其实只是应付了一下。这样的装修公司真的很恶劣!鸿泰的技术人员真的很专业,先是细心找出问题所在,接着拿出解决方案,再做一系列的处理,最后连墙面的灰尘也洗得干干净净,这样的服务十分到位。

(2018年12月6日)

◉洞见:不是找几个设计师,到市场上找几个小工,装修公司就能开始装修的,而是要有一套标准的施工方法,以及强大的社会责任感。

一个装修公司,如果干的活都是违背良心的,偷工减料的,将给客户带来无穷无尽的烦恼,同时也是给自己断后路。

# 在一起

前几天杨宜敏约我，说周日她老公程总想来拜访，还叫上我们四姐妹，一起去白云寻羊记吃烤全羊。我一口答应。虽然在永康，可是大家要聚在一起，也是挺难的一件事情。

一早，老同学带上老公、孩子、兰花姐登门拜访，心里一阵阵欢喜。程总连忙泡茶奉上，爱茶送茶是他的待客之道。看看老同学一家幸福美满，真心为宜敏高兴。

上午喝茶聊天，拉近了我们彼此之间的距离。很快就到了吃午饭的时间，兄弟姐妹们在宜敏的邀请下，都到白云寻羊记集合吃饭。在永康，我是第一次去吃烤羊。程总的老同学都已经提前准备好了。很快，全羊色泽诱人地出现在我们面前，睿森抓紧上前拍照留念。孩子吃了不少羊肉，还喝了生姜可乐。我听错了，以为是新疆可乐。听这饮料名字这么奇怪，大家尝试了一下，还是蛮好喝的。

十来个朋友聚在一起，喝酒的喝酒，吃羊肉的吃羊肉，孩子们玩着抖音，笑声不断，这也是今年吃的时间最长的一顿饭。

吃完了，饭店老板带我们到对面的山上玩了一圈。

（2018 年 12 月 9 日）

❀洞见：虽然大多数伙伴都是永康人，但要都聚在一起真的不容易，姐妹要凑齐也很难。今天在宜敏夫妻的邀请下，让这么多伙伴聚在一起，真的很开心。

# 有失必有得

今早7点钟，我来到了仙居县神仙居养生研究院。冷飕飕的，下车时，身体都冷得直打战。打陈院长的电话，一直处在关机状态，大门紧闭，看不到里面的人，我只好坐回车上慢慢地等。半个小时过去了，电话还是关机。闺蜜虽然没有陪我来，她也为我着急。

当我等了快40分钟的时候，有一批人过来了，也是来看病的。他们对医院比较熟悉，原来是要在后屋去等待，我也马上跟着。陈院长过一会儿把门打开，大家一起拥进去。我主动告诉陈院长，我是谁的朋友，闺蜜也马上给他打电话。

陈院长准备了一会儿，就开始拿表单让我们填写资料。刚才那批人，他们就坐在把脉的位置上。一个把好脉，第二个接上，第三个也紧接着，看第三个把好脉，第四个、第五个也赶紧去填表了。到这个时候，我有点忍不住了。

我马上就转移注意力，发微信给闺蜜："碰到没有素质的老板真没办法，知道我第1个来的，前面连插5个人。这些人好意思！"

闺蜜："丽，要不要我打个电话给陈院长？"

我："不要打了，我就坐在对面，慢慢等吧。"

陈院长把一个人的脉就要许多时间，能把病人身体上的问题说出八九不离十。5个人的脉都把好后，陈院长对他们说："今天本来不上班的，看的人有点多,我有点累了,想休息一会儿。药方开好后,给你们寄过去吧。"

他们一走,陈院长马上就跟我讲:"我马上叫我老婆回来给你拿药,叫药剂师来给你煎药。今天我们本来不上班的,对你已经特别照顾了,都给你弄好。刚才那批人是我们这里比较有头有脸的人,如果今天还给他们开药方的话,那你真的要等很久。"

(2018 年 12 月 10 日)

◉ 洞见:听到陈院长的这段话,我心里所有的纠结都解开了。许多时候在外面,吃亏是福。今天等了一个半小时,有失必有得。哪怕吃亏了,也要学会接受,那才是一门真正的功课。

# 多肉缘

去年去舒二娘饭店吃饭，被饭店外面壮观的景象深深地吸引了。许许多多的多肉，有好多品种，这是我在永康见过多肉数量最大的人家。忍不住跟店员搭上了话，也认识了老板娘，饭后还送了许多多肉片，让我回家养。

后来因为多肉，我与老板娘阿群成了朋友，她还把我拉入了一个多肉群，里面高手云集。阿群还特地把她的表哥介绍给我认识，带我去她表哥家，看到的多肉让人目不转睛。所有的多肉经过她表哥之手，都养得水灵灵的，特别有生机。而且他家的多肉有个特色，都是亲手种的，不用催化剂。一盘多肉要种成老桩，起码要 3 至 5 年，还要细心呵护，晚上经常要给多肉抓虫子。

表哥家在顶楼，整个楼顶全部都是多肉，许多花盆都是他自己制作的，现在是连树根也成多肉盘了，创意非常奇特。我和小宝每次去都不想离开，因为他家的多肉实在是太美了。

每次家里多肉有虫或其他问题，都要找阿群的表哥帮忙解决。今年实在太忙，他约了我好几次，我都没时间。昨天不管多忙都要见一见，让他看看多肉。他还特地来花园整理，把该放出去的多肉放出去，一一告知降霜的时候要怎么处理，还说以后电话通知我天气变化时如何做。

喜欢多肉，因为不专业，交了不少学费。今天在阿群表哥的帮忙下，终于让家里的这些盘子重新种下种子。花园一下子变得生机勃勃,看了还想再去多看一眼。

（2018年12月13日）

⚫ 洞见:多肉让我认识了舒二老板娘和她的表哥。种多肉不是喜欢就行,还要有特别的耐心,用心学习各种品种的特点,动手实践操作,知晓天气变化的应对方法,才能种出像样的多肉。

# 抖　音

不知道从什么时候起，小宝开始玩抖音的。只要我跟他讲："不要玩游戏了，把 iPad 拿过来。"他肯定马上回复我："我没有玩游戏，而是在看抖音。"

每到这个时候，我都会有些疑问。每天在刷抖音，捧着 iPad 不放，这难道不是玩游戏吗？可惜孩子认为不是。不管是不是，孩子都已经上瘾了。一天连续刷几个小时抖音，这已经影响到他学习了。

我大哥玩抖音也玩得很疯，还经常去发发作品，图片文字再配上自己喜欢的音乐。他算是紧跟时代潮流的人。大哥还跟我们分享堂哥的作品，裹着床单、拿着扫帚表演，看了确实让人哈哈大笑。

（2018 年 12 月 18 日）

　　💧 洞见：刷抖音也是能让人上瘾的。看到许多孩子捧着手机，一直看抖音，连吃饭、上厕所都不离手，可以说是到了痴迷的程度。

只有用得好，才能为你所用；反之，伤害自己，也伤害别人。

# 摄　影

我是一个不喜欢拍照的人，因为不上镜，动作死板，拍不出味道，所以能不拍就尽量不拍。同时，也很少给别人拍。

前几天在吕主任的介绍下，认识了摄影协会的卢会长。几个蜜罐保温杯放在桌上，除了拍蜜罐以外，还把倒影都拍出来。让人看了着实心动，连研发这款杯子的老板见了照片都连连称赞拍得好。

卢会长利用空闲时间，特意为我们拍照。我这辈子也从来没有这么认真过，一早上去洗头，安又给我安排化妆师，弄得美美的。一天之内换了四套衣服，为了拍照也豁出去了。按照卢会长说的，一个姿势一个姿势摆好。

阿华布置场景，再加上卢会长的创意。家里拍完，又去公园拍外景，刚好那天下着小雨，降温了，冷飕飕的也没阻挡我们火热的心。后来又带我去了星巴克咖啡店继续拍，在那么多人的眼光齐刷刷地注视下，也可以做到不怕了。我摆我的姿势，你尽管拍，别人尽管看吧！

真的很感谢那天一起拍摄的几个伙伴，我就像回到了童年时代。能与闺蜜拍上几张，不是挺好的吗？那一天，我真正用淡淡的微笑，过了愉快的一天。以后每年都要选一天，为自己为家人拍拍照，留下岁月的痕迹。

（2018 年 12 月 19 日）

洞见：只要看到摄影师拿着照相机，把寻常事物拍得特别美，让时间定格，成为永久的留念，我便对摄影师们无比的敬畏，没有他们，就少了许多美好的回忆。

# 粗心大意

在泰国清迈的那些日子,虽然天气很热,但是空气潮湿。想要晒衣服,必须拿到有太阳的地方去。后来我就把该洗的衣服让酒店服务员拿去干洗。

因为天气热,加上课程的需要,所以每天的衣服必须拿去干洗。每次等我回去午休的时候,衣服就已经挂在衣柜里面了。我也从来没去核对衣服,到昨天晚上收拾衣服的时候,才发现少了一条自己的黑裤子,却多出两条别人的黑裤子。

我马上穿着睡衣跑到前台,解决问题。很不巧的是,前台没有会说中文的服务员。于是,想到联系赵俨老师,她会说英文,让她把我需要传递的意思转达给了服务员。

过了一会儿,服务生过来敲门,把两条裤子送到隔壁房间去了。我以为我的裤子会在她们房间的,全部找遍了都没有找到,服务员也很纳闷地回去继续找。我马上跑回房间的行李里接着翻,原来压在最下面了。我马上又跑去服务台解释。

(2018年12月24日)

⬤洞见:粗心大意带来的是时间和物质上的成本上升,也会给精神带来压力。

精进之美

（永康市精进文化协会系列丛书）

# 你依然还记着我

这半年我们很少见面，但是心里一直未曾忘记你。你是那种让别人见了一面，就会深深地印在脑海深处的人，无论世事如何变迁，你在我心中永存。

几百个伙伴的到来，你一一握手拥抱问候，欢迎各位的到来。轮到我时，虽然心里有些紧张，但是你几句话就能轻易走进我心里。你的脚做过手术了吗？怎么样？都好了吗？听说你要跳舞呢？这几年每一次见面，你都记着我的脚伤！

无意中有一次，看到馨月瑜伽队带着一群会员，在跳这首禅舞，我们就毫不犹豫地成立了一个瑜伽队。我对伙伴们讲："如果我们去上吴老师课的时候，就上去跳这首《恋人心》的舞蹈献给老师，以表达对老师的感恩之情。"

很凑巧，在这次课程之前刚好你生日，我有幸为你跳上了这支舞蹈。我代表永康的团队，在翩翩起舞中给你送上祝福。这是我今生唯一一次一个人上台表演，而且还是在国外。

敬酒时，你还不忘表扬我，让我内心充满欢喜！每一次说到分开的时候，你话音未落，下面的人就已经哽咽了。

（2018 年 12 月 25 日）

● 洞见:半年没见,谢谢你依然还记着我,惦记着大家。感谢你,亲爱的吴老师! 你慈母般的爱,总是不断地在召唤着我,你的一举一动影响了我。榜样的力量,在不远的前方指引着我前行。

# 特别的理事会

时间过得真快，一月一次的理事会议如期来到。这一年多来，轮到负责的理事成员，都会绞尽脑汁营造不一样的氛围。

今天也不例外，由陈涛负责，他是我们协会最年轻的理事成员。他做事特别成熟稳重，徐部长夸奖这孩子"年轻人的榜样，老年人的偶像"。

每一次会议，我都带着空杯的心态前往。会议室已经摆好了我们的物资，玉米棒香喷喷的，我们迫不及待地抓起来就吃。天气很冷，老板体会到我们的不容易，马上给我们生了炉子。我们仿佛回到了童年时代，大家围在一起烤火，脸上露出了笑容。

大厨烧出来的东西就是不一样，一盘红烧肉被大家一扫而光。大家边吃边聊，笑声一片，温暖着这寒冷的冬天。

开心完后，马上要进入会议主题。一个协会的发展，离不开大家的付出。各个理事履行的职责，对机制不折不扣的执行力，所有成员有目共睹。一群人，一件事，一辈子，一起走，不放手，为了一件共同的事情，我们永远围绕核心，没有任何借口地奋斗着。

今年是2018年最后一次会议，展现了2018年每位成员的工作总结、2019年的工作计划，向新的一年启航。

（2018年12月28日）

◎洞见：让我们共同期待2019年，蜕变将在我们身边发生。

# 后记1　恩典的力量

"被接受就是恩典。"这是我特别喜欢的一句话。

秀丽当选永康市精进协会的会长,已经有些年头了。我想她在接受这样一个社会职务的过程中,也许有积极主动的一面,但更多也是一种被接受。我们常常一起喝茶聊天,我说,被接受就是被选中,被选中就是一种恩典。我们每个人都是被选中的,你也是被选中的,为什么那么多人唯独不选别人,偏偏选你当会长?这被选中的过程,就是极大的恩典。我就这样看着秀丽一步一步把一个个志同道合的人集中到一个QQ群,最后成立了一个协会,现在协会就像一个家。

与秀丽接触越来越多,我发现秀丽坚持给一些人点赞,一天都不落。她一天都不落地把我发表在朋友圈的"日精进"转到她的朋友圈,她坚持不懈地每天写自己的洞见,并且绝不偷懒。对协会的所有工作,她都努力做到尽善尽美。秀丽有两个儿子,大儿子是非常出色的程序员,极具创造力和思考力。我还委托他教我儿子一些入门的编程知识。秀丽的小儿子是崇德的学生,五年来我带着他成长,也看着他成长。小儿子养成了每天发表日精进的习惯,也俨然成为他优秀的代名词,他也把他的文章整理成一本书,叫"小宝那些事儿"。当然,我也是被接受的,也帮他写了序。我越来越觉得,她和她家人的这份接受是一种恩典。我们分享

快乐,甚至分担一些困难。

秀丽这本书叫"精进之美",这个名字是我无意中跟她讲了,被她选中的。从秀丽这么多年来的文章里,我看到了精进给她带来的方方面面的促进,以及精进给她带来的美。她作为一个成熟的女性所具有的那种儒雅与知性,她具有的那份强大的精进的能力,以及她领导众人向前精进的领导力,这都是精进带给她的恩典。所以,这本书涵盖了她对精进的自信,以及对精进带给她这份恩典的嘉许,她想唤醒更多的人投入精进之美的旅途。

读着这本书,我读到了她对生命的豁达、忐忑与安详,同时也看到了她对人生意义的了悟与升华。透过字里行间,我感觉她完成这么多精进的文字并不是容易的。也许写作过程中,不免有很多痛苦,但她从痛苦中看到的不是惩罚,而是一种恩典。她写了很多非常多琐碎的人间烟火,但都充满着非常美的节奏和韵律,这里面全是她对生活的热爱和对生活中点点滴滴的一种极高的奖赏。虽然她的语言很多时候是稚嫩的,甚至过于简陋,但字字句句都是她对最真实的自己的一种接纳。

恩典的力量是一种感激之心。这个恩典让人和人之间得到了一种庄严的认同和爱的连接。如果我们都能感受到恩典的存在,也许就都能像秀丽那样,将生命当中所有被接受的痛苦、烦恼、沮丧,以及对命运的抱怨升华为精进的境界。愿每个人都能从这本书中获得恩典与高贵,并收获人生的最美境界。


林刚丰

(永康崇德学校校长)

2019 年 10 月 14 日

# 后记2 妈妈是我的榜样

亲爱的妈妈：

看到您的书出版，我真替您高兴。我知道，这是您这么多年来坚持写日精进结出的硕果。在您的影响下，我也开始写日精进，并坚持了1264天！这是哪里来的动力？我想说，妈妈您功不可没。慢慢地，我也养成了这样一种习惯。

其实这1264天里，我并非没想过放弃。我有时候会因为贪玩或者因为条件不允许而忘记写，但是第二天我会赶紧补。我第一次去五台山上少年中国班，手机是要被没收的，我完全有理由不写。但是，一想到每天都写日精进的妈妈，我告诉自己：我要坚持。所以，我每天都借了助教老师的手机写日精进，再发给妈妈，让妈妈替我转发。后来我就有经验了，在家里把10天的日精进都提前写好，妈妈用我的平板电脑一天发1篇。当我坚持下来时，就会发现身边有很多人为我点赞。

我和妈妈一起来到精进的世界里，妈妈写日精进快要7年了。滴水能把石穿透，万事功到自然成。当我想要放弃的时候，我就会用这句话鼓励自己。如果一件小事都坚持不下去，以后还怎么做大事？

妈妈是我的好榜样。她坚持写日精进7年，终于出版了第一本属于

她自己的书。这是多么了不起的事。

　　精进是一条奋斗之路，日日精进，永不停歇，一路走，一路收获坚持和成长。

爱您的儿子：颜睿森

2019年1月4日